F 214

MATTHIAS GRETZSCHEL

F 122

DIE FREGATTEN DER BREMEN-KLASSE

Mittler

Bildnachweis:
Mediendatenbank der Bundeswehr PIZ; © Bundeswehr / Jorge Aramburu S. 78 / Till Bäsche S. 76, 77 / Inken Behne S. 134 / Andrea Bienert S. 152 / Lisa Butz S. 142, 143 / Matthias Dörendahl S. 91, Fregatte Augsburg S. 137 / Alexander Gottschalk S. 140–141 / Ann-Katrin Hoffmann S. 16, 67 l. & r. / Torsten Kraatz S. 4, 32–33, 62–63, 134, 135, 139, 150–151 / Marcel Kröncke S. 136, 138 / Detmar Modes S. 130 / Marcus Mohr S. 154 / Julian Moritz S. 70–71 / Stefan Paulsen S. 102 / PIZ Djibouti S. 90 / PIZ EFK S. 10, 155 / Jule Peltzer S. 176 / Paul Rein S. 32–33, 148–149 / Leon Rodewald S. 166 / Ivo Schneider S. 126 / Ricarda Schönbrodt S. 104–105 / Katrin Schröter S. 84 / Saskia Thieme S. 75 / Norman Wald S. 124 / Björn Wilke S. 86–87, 131 l. u. / Sebastian Wilke S. 100, 103 / Ann-Katrin Winges S. 64, 66 l. & r., 82, 85, 88, 107, 125, 131 r.;
Privatarchive von Angehörigen der Marine S. 5, 11, 38, 39, 40, 41, 42, 44, 45, 46, 48, 49, 51, 74, 83, 101;
Privatarchiv Oberleutnant zur See Florian Golbik, S. 65, 68, 69;
Privatarchiv Stabsbootsmann Rudi Haardt S. 21 u., 26;
Privatarchiv Oberleutnant zur See Jan Möllgaard S. 27 r., 47, 122, 127, 128–129;
Privatarchiv Hauptbootsmann Sina Rössig S. 13, 14–15, 28–29, 56, 57, 158, 159, 160–161, 162, 163, 164, 165, 167, 169, 170, 171, 172–173, Vor- und Nachsatzpapiere;
Copyright Stadtarchiv Wilhelmshaven S. 27 li., 78, 109 u.;
Wikimedia Commons S. 17 o. & u., 18, 20, 22 o. & u., 30 o., 31;
Jochen Fischer (kartographiestudio.de) S. 23
Titel: © Bundeswehr PIZ, Rückseite: Ann-Katrin Hoffmann (F 207), Saskia Thieme (F 208), Katrin Schröter (F 209), Stefan Paulsen (F 210), PIZ (F 211, F 212), Alexander Gottschalk (F 213), Sina Rössig (F 214)
Nicht bei allen Abbildungen konnten die Inhaber der Bildrechte ermittelt werden.
Der Verlag bittet freundlich um Kontaktaufnahme.

Ein Gesamtverzeichnis der lieferbaren Titel schicken wir Ihnen gerne zu.
Bitte senden Sie eine E-Mail mit Ihrer Adresse an: vertrieb@koehler-books.de

Sie finden uns auch im Internet unter: www.koehler-books.de

Bibliografische Information der Deutschen Nationalbibliothek
Die Deutsche Nationalbibliothek verzeichnet diese Publikation in der Deutschen Nationalbibliografie; detaillierte bibliografische Daten sind im Internet über http://dnb.d-nb.de abrufbar.

ISBN: 978-3-8132-1123-8

Stadthausbrücke 4, 20355 Hamburg

Ein Unternehmen der **TAMM**MEDIA

Texte: Matthias Gretzschel, Hamburg
Lektorat: Annette Krüger, Hamburg
Gestaltung: Fred Münzmaier, Hamburg
Druck: PNB Print, Jaņsili, Ropazu novads, Lettland, LV-2133

Inhalt

F 213
A U
F 213

Vorwort I

Es ist immer schön, bei einer Geburt dabei zu sein, doch als Erstkommandant beim Bau der neuen Fregatten der Klasse 122 der damaligen Bundesmarine war es etwas ganz Besonderes. Die Bremer Vulkan-Werft hatte den Auftrag als Generalunternehmer gewonnen. Wir fingen unser Bordleben bereits auf der Werft in Bremen an. Das hatte viele Vorteile, denn wir bekamen guten Kontakt zur Werft und auch untereinander. Im Laufe der Bauphase kam es sogar dazu, dass vier Schiffe der Klasse 122 gleichzeitig in der Werft lagen, natürlich in sehr unterschiedlichem Bauzustand.

Die Bremen war fast fertig, die Niedersachsen vor dem Leistungsnachweis, bei der Rheinland-Pfalz mussten noch viele schiffbauliche Nacharbeiten erledigt werden. Auch die Emden, die in den Nordseewerken Emden vom Stapel gelaufen war, lag in Bremen, da die endgültige Fertigstellung von der Bremer Vulkan vorgenommen wurde. Damit wollte man nicht nur weitere Werften mit Aufträgen versorgen, sondern auch die geplante Indienststellung im Halbjahresrhythmus ermöglichen. Eine Ausnahme bildete nur die Bremen, die vollständig von der Vulkan gebaut wurde, was wohl auch zu dem Identifizierungsspruch „first ship of first class" führte.

Eine gewisse Konkurrenz unter den Besatzungen entstand beinahe zwangsläufig, wobei die Bremen natürlich als Erstschiff immer im Zentrum stand. Es gab aber durchaus andere Initiativen, zum Beispiel den dann kreierten Identifikationsspruch der Niedersachsen „second to none" (unübertroffen).

Bei der Rheinland-Pfalz kam ein wenig kollegiale Schadenfreude auf, als sich herausstellte, dass das Schiff nicht richtig mittig war, sodass bei der Waffeninstallation eine Parallaxe eingestellt werden musste. Das Schiff war also ein bisschen krumm, und so kam das Gerücht auf, die Ostmole im Marinestützpunkt Wilhelmshaven sei

▲ Kapitän zur See a. D. Alfred Thomas

◀ Die Fregatte Augsburg während der Mission „Counter Daesh" im Mittelmeer am 22. September 2016

nur deshalb leicht gebogen, damit die Rheinland-Pfalz dort hineinpasst! Aber unbestritten war: Die beste schiffbauliche Leistung hatte die Werft in Emden abgeliefert.

Solch ein neues Schiff mit der neuen Technik, und – für die Marine auch völlig neu – mit eigenen Bordhubschraubern, das war nicht leicht in den Griff zu bekommen. Da konnte man sehen, wie leistungsfähig und auch belastungsfähig die Besatzungen waren. Das erste Basic Operational Sea Training (BOST) wurde von der Niedersachsen im englischen Marinestützpunkt Portland absolviert. Das verlief ziemlich chaotisch, weil weder die Briten noch wir ein praxiserprobtes Konzept hatten. Aber das war wohl auch der Sinn des Unternehmens, Learning by Doing sozusagen. Ich darf das sagen, ich war ja der Kommandant auf dem Schiff. Aber letztendlich haben wir das BOST bestanden und sind mit nur einer Welle, aber geschwellter Brust nach Hause gefahren. Mit der Zeit haben natürlich alle Fregatten ihre Einsatzbereitschaft nachgewiesen – im BOST in Portland oder später in Plymouth.

Mit Zulauf der Schiffe der Klasse 122 gab es einen großen Integrationsprozess in der Flotte. Das lag auch an den jeweiligen Besatzungen, die sich hohes Ansehen erarbeitet haben und nicht auf eine „Leuchtturmfunktion" pochten. Weil der Bedarf da war und die vorhandenen sechs Fregatten inzwischen die „Arbeitstiere" der Flotte waren, bekamen sie noch zwei Schwestern – die Augsburg und die Lübeck.

Im Marinejargon wurden die „Fregattenfahrer" ein fester Begriff, was man als ein klares Zeichen der Gemeinschaft verstehen kann. Das gab es in unserer Marine so ausgeprägt bisher nur bei den Fletchern, den Besatzungen der Zerstörer der Flechter-Klasse.

Möge es diesem Buch mit seinen Texten und Bildern gelingen, die vielfältigen Erinnerungen am Leben zu erhalten. Wenn ich dazu beitrage, empfinde ich auch eine Spur Wehmut, die wohl viele Fregattenfahrer angesichts der Außerdienststellung der letzten Fregatte der Klasse 122 empfinden werden.

Kapitän zur See a. D. Alfred Thomas,
erster Kommandant der Fregatte Niedersachsen

▸ **Die Fregatte Augsburg in der Abenddämmerung im Flugkörper-Schießgebiet in der Nähe von Sundsvall während der „Firing Exercise" 2019 in Schweden**

▸▸ **Am 16. Juni 2022 läuft die Fregatte Lübeck zum letzten Mal in Begleitung von zwei Bordhubschraubern vom Typ Sea Lynx Mk 88A in den Marinestützpunkt Wilhelmshaven ein.**

F213

F 214

Vorwort II

Dass ich als letzter Kommandant der letzten Fregatte der Bremen-Klasse am Ende einer 40-jährigen Geschichte stehe, weckt widersprüchliche Gefühle in mir. Zum einen ist es Wehmut, denn mit der Außerdienststellung der Fregatte LÜBECK am 15. Dezember 2022 ging eine wichtige Ära zu Ende. Ich bin zwar unter anderem immer wieder auf verschiedenen Fregatten der Klasse 122 gefahren, habe aber auf der LÜBECK besonders viel Zeit verbracht. Nach der Rückkehr von unserem letzten Einsatz war ich mit einer Abordnung im Lübecker Rathaus, wo nach 32 Jahren die Patenschaft zwischen der Hansestadt und dem Schiff beendet wurde.

▲ **Fregattenkapitän Kai Röckel**

◀ **Die Fregatte LÜBECK in der Ägäis**

Wie alle acht Fregatten der Bremen-Klasse pflegte auch die LÜBECK im Rahmen ihrer Patenschaft eine enge Beziehung zu zivilen Institutionen, wie beispielsweise mit dem Freundeskreis, der Marinekameradschaft oder besonders der Matthias-Leithoff-Schule, dem Förderzentrum der Hansestadt Lübeck. Es gab wechselseitige Besuche, zahlreiche Veranstaltungen und Aktionen, mit denen wir über viele Jahre hinweg gegenseitige Freundschaft und Unterstützung leben konnten.

Neben Wehmut empfinde ich im Rückblick auch Stolz, denn die F-122-Klasse hat mich – und viele andere – als Konstante durch die gesamte Marinelaufbahn begleitet. Deshalb weiß ich, welche Bedeutung diese Fregatten als zuverlässige und stets einsatzfähige „Arbeitspferde“ der Marine hatten. Sie nahmen unterschiedlichste Einsatzaufgaben wahr, auch solche, die nicht dem ursprünglichen Konzept und den eigentlichen Fähigkeiten entsprachen. Diese Kriegsschiffe, und vor allem ihre Besatzungen, haben sich in vier Jahrzehnten in jeder Hinsicht und in jeder Situation bewährt.

Ich freue mich, dass es jetzt dieses Buch gibt, das die Geschichte der Fregatten der Bremen-Klasse mit interessanten, teilweise auch persönlichen Texten und großartigen Bildern dokumentiert und damit die Erinnerung an diese Einheiten wachhält. Das ist nicht zuletzt für die vielen Tausenden Soldaten eine lohnende Lektüre, die zwischen 1982 und 2022 mit einem der acht Schiffe gefahren sind. Für die meisten war dies sicher eine unvergessliche und prägende Zeit, die uns allen Gemeinsamkeiten gegeben hat, in der gemeinsame Geschichten geschrieben und manchmal auch Legenden geboren wurden. Wenn ich ehemalige Kameraden treffe, höre ich immer wieder, dass die Zeit an Bord für ganze Lebensläufe prägend war.

Fregattenkapitän Kai Röckel,
letzter Kommandant der Fregatte Lübeck

▸ **Flaggenparade auf der Fregatte Lübeck**

▸▸ **Heimattransit der Fregatte Lübeck**

3 1

Kapitel 1

VOM KALTEN KRIEG ZUR ZEITENWENDE

DIE GESCHICHTE DER FREGATTEN DER BREMEN-KLASSE

Am 21. November 1977 traf der damalige Bundeskanzler Helmut Schmidt zu einem fünftägigen Staatsbesuch in Polen ein. Eines der wichtigsten Ziele des deutschen Regierungschefs auf dieser Reise war es, im Dialog mit der polnischen Führung Bewegung in die ziemlich festgefahrenen Gespräche zur „beiderseitigen und ausgewogenen Truppenverminderung“ zu bringen, die parallel zur Konferenz für Sicherheit und Zusammenarbeit in Europa (KSZE) in Wien geführt wurden. Erfolg hatte Helmut Schmidt damit nicht, denn trotz aller Gespräche zwischen den Vertretern von Nato-Staaten und Warschauer Pakt standen die Zeichen Ende der 1970er-Jahre in den Ost-West-Beziehungen vor allem auf Konfrontation und Aufrüstung. Nur vier Wochen vor seiner Polenreise hatte der deutsche Kanzler auf einer Tagung in London vor einer sowjetischen Aufrüstung mit modernen Mittelstreckenraketen gewarnt und damit auf westlicher Seite Überlegungen befördert, die am 12. Dezember 1979 zum sogenannten Nato-Doppelbeschluss führten. Dieser sah die Aufstellung neuer mit Atomsprengkörpern bestückter Mittelstreckenraketen und Marschflugkörper in Westeuropa vor. Kein Zweifel: Der Kalte Krieg steuerte auf einen neuen Höhepunkt zu.

Zur selben Zeit, als Helmut Schmidt mit dem Regierungsflugzeug 1977 in Warschau eintraf, erhielt die Bremer Vulkan-Werft als Generalunternehmer einen Großauftrag der Bundesmarine. Anlass dafür waren zwei wesentliche Entwicklungen: Der sich zuspitzende Ost-West-Konflikt führte zu einer generellen kritischen Bewertung der Rüstungsanstrengungen. Darüber hinaus war nach einer Erneuerung der Minensuch- und Schnellboote in der Bundesmarine der Bestand an den nach den Regularien der Westeuropäischen Union (WEU) zugelassenen größeren Einheiten deutlich ins Hintertreffen geraten. Hier standen der Flotte noch immer die Schiffe aus den Aufbaujahren der Bundeswehr zur Verfügung, die zum Teil bereits

▲▲ **Helmut Schmidt, von 1974 bis 1982 deutscher Bundeskanzler**

▲ **Die Konferenz für Sicherheit und Zusammenarbeit in Europa (KSZE) 1975 in Helsinki**

◀ **Die Fregatte Bremen vor Anker**

▲ **Blick auf die Bremer Vulkan-Werft, die für die Endausrüstung aller F 122 zuständig war**

▶ **Der Zerstörer MÖLDERS, der zur Lütjens-Klasse gehört, wurde 2003 außer Dienst gestellt und liegt heute als schwimmendes Objekt im Deutschen Marinemuseum in Wilhelmshaven.**

ohne direkten Ersatz außer Dienst gestellt worden waren (US-Leihzerstörer Z 119 „Fletcher-Klasse", Zerstörer Z 101/Z 101 A „Hamburg-Klasse", Fregatte F 120 „Köln-Klasse"). Der neue Rüstungsauftrag umfasste zunächst sechs Fregatten einer neuen Klasse sowie als Option den Nachbau von zwei weiteren typgleichen Einheiten. Die Bremen-Klasse, marineintern als F 122 bezeichnet, sollte auf der Bremer Vulkan AG, bei Blohm + Voss in Hamburg, der AG Weser in Bremen, bei der Howaldtswerke-Deutsche Werft AG in Kiel und den Thyssen Nordseewerken in Emden gebaut werden. Für die Endausrüstung aller Fregatten war die Bremer Vulkan AG zuständig. Typschiff und damit namensgebend war die Fregatte BREMEN, die als erste Einheit am 7. Mai 1982 in Dienst gestellt wurde.

Die sechs, später acht Fregatten der Klasse 122 sollten die inzwischen veralteten sechs Fregatten der Köln-Klasse (F 120) ersetzen, die im Zeitraum von 1957 bis 1964 auf der Stülckenwerft in Hamburg-Steinwerder gebaut worden waren.

Wie ihre Vorgänger waren die neuen Fregatten vor allem für die U-Boot-Bekämpfung vorgesehen, verfügten aber auch über die Fähigkeit, gegnerische Schiffe, Flugzeuge und Flugkörper zu bekämpfen – Aufgaben, die sich aus der Bedrohungslage innerhalb des Ost-West-Konflikts ergaben. Im Übrigen verfügten sie damit über ein Fähigkeitsprofil und eine Kampfkraft, die im Nato-Vergleich mit jeder Zerstörer-Klasse mithalten konnten.

Als weltweit absolute Neuerung sollte der Schiffstyp nach dem von ThyssenKrupp patentierten Konstruktionsprinzip MEKO (Mehrzweck-Kombination) gebaut werden. Dabei wurden die Vorteile der Containerisierung genutzt: Der modulare Aufbau ermöglichte es, einzelne Ausrüstungsanteile von den Waffen bis zum Antrieb auch nach Abschluss der Bauphase einzubauen bzw. später auszuwechseln. Ebenso war die Ausrüstung der Bremen-Klasse mit jeweils zwei Bordhubschraubern, und damit die Integration des Flugbetriebs in den Bordbetrieb, ein absolute Neuheit.

Darüber hinaus zeigten Technik und Ausrüstung, dass es sich bei der Klasse 122 nicht nur um neue, sondern auch um neuartige Schiffe handelte. So erhielten sie mit der computergesteuerten vollautomatisierten Fahranlage den sogenannten CODOG-Antrieb (Combined diesel or gas), um damit in kürzester Zeit das Schiff aus dem Stand auf die Höchstgeschwindigkeit von 30 Knoten zu bringen – und natürlich mit einer atemberaubenden Bremsleistung von „voll voraus“ auf „voll zurück“. Bei dieser Art des kombinierten Antriebs in Verbindung mit einem Hightech-Getriebe und den Verstellpropellern werden die Dieselmotoren für die Marschfahrt genutzt und bei Bedarf eine oder beide Gasturbinen auf die Antriebswelle geschaltet, wodurch die genannten Höchstgeschwindigkeiten von bis zu 30 Knoten (56 km/h) erreicht werden.

Zum letzten Mal spielten bei der Planung der F 122 die in der Nachkriegszeit in den Zusatzprotokollen zum Vertrag über die WEU festgelegten Restriktionen eine Rolle, die der Bundesmarine hinsichtlich der Größe Beschränkungen auferlegten. So durfte die Standardverdrängung bei Kriegsschiffen 3.000 ts (tons standard) nicht überschreiten.

In den ersten Jahrzehnten nach Ende des Zweiten Weltkriegs beinhaltete die Aufgabe der Bundesmarine im Rahmen der Nato die Sicherung und Verteidigung der Ostseezugänge, der Ostsee sowie des deutschen Küstenvorfelds in der Nordsee gegen Angriffe der Warschauer-Pakt-Truppen. Mit der Verschärfung des Ost-West-Gegensatzes stieg die Bedeutung der sicheren Verbindungswege von den USA in die nordeuropäischen Häfen sowohl für den allgemeinen Nachschub als auch für die geplanten US-Verstärkungskräfte. Damit wurde die U-Boot-Abwehr im Nordatlantik wichtiger. Die Nato-Kommandostruktur war denkbar schlecht geeignet für solch eine komplexe Aufgabe, da mitten in der Nordsee die regionale Verantwortung für die drei höheren Nato-Kommandobehörden MNC

▲ **Die Bremen-Klasse löste die zwischen 1957 und 1964 gebauten sechs Fregatten der Köln-Klasse ab. Im Bild ist das Typschiff Köln.**

(Major Nato Command) SACLANT für den Nordatlantik, SACEUR für Kontinentaleuropa und CINCCHAN für den Bereich des Ärmelkanals zusammentrafen. Nach komplizierten militärpolitischen Verhandlungen schlossen Anfang 1980 die drei Nato-Bereichsbefehlshaber das sogenannte TRI-MNC-Agreement ab. Darin wurde eine flexible Handhabung der Bereichsgrenzen ebenso vereinbart wie eine stärkere Einbindung der Einheiten der Bundesmarine in den Nordatlantik jenseits der bis dahin geltenden Grenzen von 60° Nord (Shetland-Bergen-Enge). Damit war der Bundesmarine eine Teilnahme an einer Aufgabe zugewachsen, für die sie natürlich die entsprechenden Befähigungen benötigte.

Dieser militärpolitische Aspekt spielte für Planung und Konzeption der Fregattenklasse 122 eine zentrale Rolle. „Mit diesen Fregatten wurde ein richtig großer Schritt nach vorn getan zu einer Blue Water Navy, also zu einer Marine, die nicht nur in Küstengewässern, sondern auf hoher See operiert", erinnert sich Konteradmiral a. D. Gottfried Hoch, der unter anderem als Referent im Führungsstab der Marine und als Adjutant beim Generalinspekteur der Bundeswehr tätig war und später als Kommandeur das 2. Zerstörergeschwader und das 6. Fregattengeschwader führte.

Die neue Qualität der F 122 im Vergleich etwa zu den Vorgängern der Köln-Klasse (F 120) zeigte sich neben dem Vorhandensein von Bordhubschaubern vor allem an dem erstmals verfügbaren vollintegrierten rechnergestützten Lage- und Einsatz-System (Combat System), während auf der F 120 noch mit Plott-Tisch, Dreieck, Zirkel und Bleistift gearbeitet werden musste. „Fairerweise muss man sagen, dass in der technologischen Entwicklung der Deutschen Marine zwischen der F 120 und der F 122 die Zerstörerklasse 103, die Lütjens-Klasse, liegt. Drei dieser Zerstörer wurden von den USA (dort: Charles-F.-Adams-Klasse) gekauft und 1969/70 in Dienst gestellt. Sie bildeten für die Bundesmarine den Quantensprung zu den Fähigkeiten der rechnergestützten Operationsführung auf See. Der nächste Schritt war die Fregattenklasse 122 mit noch moderneren und leistungsfähigeren Systemen."

Obwohl bei den Fregatten der Bremen-Klasse der Schwerpunkt auf der U-Boot-Bekämpfung lag, waren sie Allrounder und verfügten auch über die Fähigkeit, andere Schiffe, Flugzeuge und Flugkörper zu bekämpfen. Mit dem Nato-Flugkörpersystem Sea Sparrow besaßen sie eine effektive Abwehrwaffe gegen alle Flugziele und mit dem System RAM (Rolling Airframe Missile) speziell gegen Flugkörper im Nahbereich. Mit dem US-Flugkörper „Harpoon" konnten Seeziele in Entfernungen bis 80 Seemeilen bekämpft werden. Die beiden später nachgerüsteten Mauser-Marineleichtgeschütze (MLG) waren speziell für die Bekämpfung kleiner Fahrzeuge im Nächstbereich (zum Beispiel Piratenboote) geeignet.

In den 40 Jahren ihres Einsatzes erarbeiteten sich die Fregatten der Bremen-Klasse den Ruf als „Arbeitspferd der Marine", was nicht zuletzt an ihrer für die Deutsche Marine bislang einmalig hohen Stückzahl lag. Nachdem ursprünglich sechs Schiffe geplant und beschafft worden waren, hatte sich 1987 in einer bemerkenswert guten Zusammenarbeit zwischen Industrie, Marine und dem Beschaffungswesen der Bundeswehr die Chance ergeben, mit der Augsburg und der Lübeck zwei weitere Fregatten dieses Typs zu einem für alle Beteiligten erträglichen Preis zu bauen. Für Ausbildung, Logistik und Standardisierung hatte das Vorhandensein von acht Schiffen große Vorteile. Und da sie in so großer Zahl zur Verfügung standen, wurden sie auch viel eingesetzt.

Am 13. März 1985, drei Jahre nachdem mit der Bremen die erste Fregatte der Klasse 122 in Dienst gestellt worden war, trug man an der Moskauer Kremlmauer den sowjetischen Partei- und Staatschef Konstantin Tschernenko zu Grabe. Der kommunistische Hardliner hatte nur 13 Monate amtiert und machte nun Platz für

▲▲ Die 1982 in Dienst gestellte Bremen war das erste Schiff der Klasse F 122.

▲ Die Niedersachsen mit Radar DA08, das bis Mitte der 1990er-Jahre auf den Fregatten der Klasse 122 genutzt wurde. Danach wurde es gegen ein TRS-3D beziehungsweise TRS-3D/32 ausgetauscht. Der Kutter als Seenotrettungsmittel wurde durch ein Speedboot ersetzt.

▲ Mit dem Amtsantritt von Michail Gorbatschow als Partei- und Staatschef der Sowjetunion begann 1985 eine Ära, die zum vorläufigen Ende des Ost-West-Konflikts führte.

▲ Für Helmut Kohl, von 1982 bis 1998 deutscher Bundeskanzler, wurde Gorbatschow zum wichtigsten Gesprächspartner auf dem Weg zur Wiedervereinigung Deutschlands.

einen Mann, dessen Namen den meisten Beobachtern unbekannt war: Michail Gorbatschow. Welche gravierenden weltpolitischen Veränderungen sich mit diesem Amtswechsel ergeben sollten, war zunächst überhaupt nicht vorstellbar. Erst im Nachhinein zeigte sich, dass Gorbatschow, der mit dem Konzept von Glasnost (Offenheit) und Perestroika (Umgestaltung) die Sowjetunion demokratisieren und effizienter machen wollte, in Wahrheit den Untergang des Sowjetimperiums einleitete und damit das Ende des Kalten Krieges und des Ost-West-Gegensatzes. Für den deutschen Bundeskanzler Helmut Kohl, der den neuen Generalsekretär Ende 1986 noch mit dem NS-Propagandaminister Goebbels verglichen hatte, wurde Gorbatschow später zum politischen Partner, der ganz maßgeblich daran beteiligt war, die Wiedervereinigung Deutschlands zu ermöglichen.

Zu Beginn des letzten Jahrzehnts des 20. Jahrhunderts veränderte sich die politische Landkarte radikal: Am 3. Oktober 1990 wurde Deutschland wiedervereinigt und die Nationale Volksarmee der DDR ging in der Bundeswehr auf. Am 1. Juli 1991 löste sich der Warschauer Pakt auf, der bis dahin Hauptgegner der Nato gewesen war. Und ein knappes halbes Jahr später, am 26. Dezember 1991, war die einst von US-Präsident Ronald Reagan als „evil empire“ (Reich des Bösen) bezeichnete Sowjetunion Geschichte. Eine jahrzehntelange Bedrohungssituation schien sich binnen kurzer Zeit buchstäblich in Luft aufgelöst zu haben.

Und nun? Die nationale Aufgabe der Bundeswehr bestand darin, die beiden Bereiche der deutschen Streitkräfte (Volksarmee und Bundeswehr) unter dem Schlagwort „Armee der Einheit“ zusammenzuführen und dabei die 1990 im „Zwei-plus-Vier-Vertrag“ festgelegten Reduzierungs- und Abrüstungsschritte umzusetzen.

International war die Zeit geprägt von einer wachsenden Zahl von Spannungsherden, die sich nicht zuletzt aus dem zerfallenden Einflussbereich der früheren Sowjetunion heraus entwickelten. Sie riefen die Vereinten Nationen ebenso wie das Sicherheitsbündnis der Nato auf den Plan, die ihrerseits nach entsprechenden Truppenstellern suchten. Diese wurden für „friedensschaffende oder friedensbewahrende Einsätze“ gebraucht, die jedoch sehr häufig reine Überwachungsaufgaben umfassten.

Für die Bundesrepublik Deutschland war dies mit zwei Herausforderungen verbunden: Die internationale Staatengemeinschaft akzeptierte die bisherige deutsche Zurückhaltung, die mit der besonderen

DIE TECHNISCHEN DATEN

MASCHINENANLAGE

Maschine: CODOG-Antrieb mit zwei General Electric LM2500-Gasturbinen und zwei Dieselmotoren

Leistung: 38.000 kW (51.666 PS)

Anzahl der Propeller: zwei Verstellpropeller

Höchstgeschwindigkeit: 30 kn (56 km/h)

Bewaffnung:

1 x Schiffsgeschütz Oto Melara 76/62 Compact Schnellfeuergeschütz im Kaliber 76 mm für Luft- als auch Bodenziele (Schiffs- und Küstenbeschuss)

2 x Marineleichtgeschütze MLG-27 im Kaliber 27 mm

2 x Vierfachstarter für Seezielflugkörper RGM-84 Harpoon

1 x Achtfachstarter Mk-29 für Luftzielflugkörper RIM-7 Sea Sparrow

2 x Starter (je 21 Zellen) für RIM-116 RAM (Rolling Airframe Missile) Nahbereichsverteidigungssystem

2 x 2 Torpedorohre 324 mm

4 x Mk 36 SRBOC-Werfer für Täuschkörper (engl. Chaff)

2 x Bordhubschrauber Sea Lynx Mk 88A mit Tauchsonar sowie zwei abwerfbaren Torpedos

Geschlepptes Täuschkörpersystem Nixie gegen Torpedos (AN/SLQ-25)

Ausstattung mit Sensoren:

3D-Suchradar TRS-3D/32

Feuerleitradar WM-25/STIR 180 (Separate Target Illumination Radar)

Freund-Feind-Erkennung Hensoldt MSSR 2000 IFF (Identification Friend from Foe)

Bugsonar Atlas Elektronik DSQS-21

Eloka FL 1800 (System für den elektronischen Kampf)

Navigationsradar Nucleus

Elektrooptisches Sensorsystem MSP 500

Fregatte Klasse 122

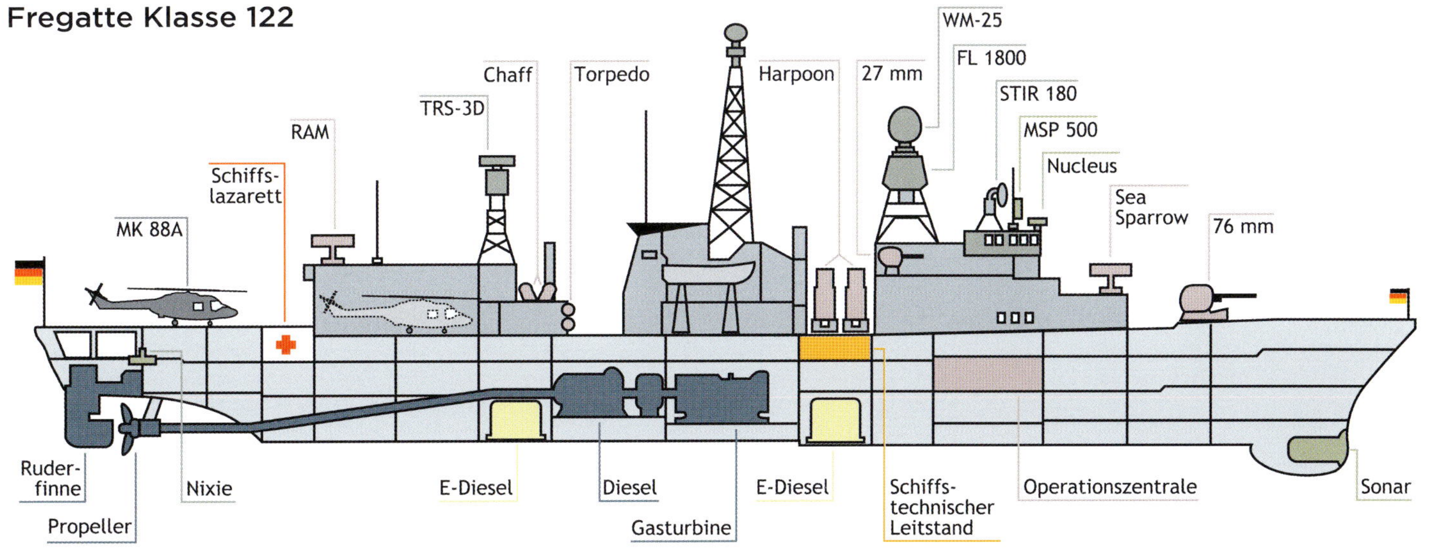

◂ Druckgasflaschen

◂▾ Schalttafel im E-Werk zur Stromsteuerung

◂⏬ Elektronische Seekarte ECDIS (Electronic Chart Display and Information System) auf der Brücke

▸ Blick in den Längsgang (Vorschiff). Zu sehen ist Feuerlösch- und Leckabwehrmaterial.

Z
LAK
LAK

▲ **Im Jahr 1991 erhielten die Schiffe Karlsruhe, Niedersachsen und Bremen für einen kurzen Zeitraum das niederländische Rohrwaffensystem Goalkeeper, um bei den Adriaeinsätzen der möglichen Bedrohung durch Seezielflugkörper entgegenwirken zu können. Das Nahbereichsverteidigungssystem RAM folgte dann erst 1995.**

Lage der beiden deutschen Staaten an der Nahtstelle des Kalten Krieges begründet war, nicht mehr und erwartete ein stärkeres Engagement, nachdem in den Jahrzehnten zuvor Deutschland von der gemeinsamen Nato-Verteidigung und -Abwehrbereitschaft profitiert hatte. Gleichzeitig bestand eine verfassungsrechtliche Unsicherheit hinsichtlich des Einsatzes der Bundeswehr außerhalb der festgelegten Grenzen der Nato. So war es kein Wunder, dass mit dem Einsatz des Zerstörers Bayern bei seinem ersten Einsatz in der Operation „Sharp Guard" (Adria-Überwachung) 1994 Rechtsgeschichte geschrieben wurde und es zu einem Grundsatzurteil des Bundesverfassungsgerichts kam, das damit diese Begrenzung aufhob. Vom ehemaligen Jugoslawien über den gesamten Mittelmeerraum bis ans Horn von Afrika und Afghanistan reichten in den letzten 30 Jahren die Einsatzgebiete, in denen sich die Bundeswehr engagieren musste. Die Marine war – bezogen auf die Größe der Teilstreitkräfte – daran überproportional beteiligt.

„Die Fregatten der Bremen-Klasse waren natürlich nicht für derartige Einsätze konzipiert worden", sagt Konteradmiral a. D. Gottfried Hoch. „Um Piratenboote zu bekämpfen, braucht man Maschinengewehre und Nahbereichswaffen, aber keine Flugkörper, die über Distanzen bis zu 80 Kilometer eingesetzt werden können. Dafür benötigt man keine Hightech-Waffen und keine computergestützte Lage, sondern eher gute Ferngläser und Maschinengewehre", sagt Hoch und resümiert: „Die Kunst bestand nun darin, mit den vorhandenen Fregatten in Einsätze zu gehen, an die bei der Planung niemand gedacht hatte und haben konnte."

Die Anpassung an die neuen Einsatzbedingungen stellte für Besatzungen zwar eine Herausforderung dar, konnte jedoch hervorragend gemeistert werden. Das bewiesen alle acht Schiffe, die seit den 1990er-Jahren an allen wichtigen deutschen Auslandseinsätzen teilgenommen haben – von der Operation „Sharp Guard" über die Operation „Enduring Freedom" und die Mission UNIFIL der Vereinten Nationen bis hin zur EU-Operation „Atalanta" zur Bekämpfung der Piraterie vor der Küste Somalias. Statt gegnerische Marinen zu bekämpfen, beinhaltete der Auftrag nun die Seeraumüberwachung, die Abwehr von Piraten und die Inspektion verdächtiger Schiffe.

Nachdem die Fregatte Lübeck im Dezember 2022 außer Dienst gestellt worden ist, sind die Fregatten der Bremen-Klasse ein abgeschlossenes Kapitel der deutschen Marinegeschichte.

▲ Die KARLSRUHE im westlichen Mittelmeer beim Auslandseinsatz EUNAVFOR MED – Operation „Sophia", 2016

◄ Die KARLSRUHE bei der Indienststellung im Jahr 1984 in ihrer ursprünglichen Konfiguration

Auf die Frage, wie sie sich in den gut 40 Jahren ihres Einsatzes bewährt haben, antwortet Konteradmiral a. D. Gottfried Hoch: „Ausgezeichnet. Wie alle Marineeinheiten wurden sie am Ende ihrer Nutzungsphase immer effektiver, denn mit der Zeit hatte man Erfahrungen gesammelt, konnte die Instandsetzung optimieren, wusste, welche Ersatzteile am häufigsten ausfielen, und konnte solche Dinge immer besser berücksichtigen. Daher waren die Fregatten bis zuletzt hervorragend einsetzbar. Es war das erste Mal in der Marinerüstung, dass es eine Art Standardfregatte gab, hier passte alles zusammen. In den Ausbildungseinrichtungen gab es überall Referenzanlagen, auf denen dieser Schiffstyp abgebildet war. Würden nicht politische Gründe und Personalfragen dem entgegenstehen, hätte man die LÜBECK durchaus noch einige weitere Jahre einsetzen können. Die Nutzbarkeit ihrer Waffensysteme hätte das auf jeden Fall zugelassen. Hinzu kommt: Auf keinem anderen Schiffstyp wurden über 40 Jahre hinweg so viele Marinesoldaten ausgebildet und eingesetzt wie auf diesen acht Schiffen, die ohne Zweifel als große Wegmarke in der deutschen Marinegeschichte angesehen werden können."

Die LÜBECK war auf ihrem letzten Einsatz in der Ägäis unterwegs, als Bundeskanzler Olaf Scholz am 27. Februar 2022 vor dem Deutschen Bundestag eine Regierungserklärung abgab, in der er auf den drei Tage zuvor begonnenen russischen Krieg gegen die Ukraine reagierte. Schon im ersten Satz fiel ein Wort, das seither eine

F 214

◀ Dieses Bild der Lübeck entstand während ihres letzten Einsatzes im Februar 2022 in der Ägäis.

geopolitische Zäsur markiert. Scholz sagte: „Der 24. Februar 2022 markiert eine Zeitenwende in der Geschichte unseres Kontinents. Mit dem Überfall auf die Ukraine hat der russische Präsident Putin kaltblütig einen Angriffskrieg vom Zaun gebrochen – aus einem einzigen Grund: Die Freiheit der Ukrainerinnen und Ukrainer stellt sein eigenes Unterdrückungsregime infrage. Das ist menschenverachtend. Das ist völkerrechtswidrig. Das ist durch nichts und niemanden zu rechtfertigen."

Und nun? Welche Folgen hat diese Zeitenwende für die Bundeswehr und speziell für die Deutsche Marine? Als die Planungen für die Fregatte 125 begannen, die als Baden-Württemberg-Klasse die F 122 abgelöst hat, war Russland trotz mancher Meinungsverschiedenheiten und Konflikte ein geachtetes Mitglied im Nato-Russland-Rat und im 1994 ins Leben gerufenen Programm „Partnerschaft für den Frieden". Deshalb hatte man die neue Fregatten-Klasse nicht auf eine neue Ost-West-Konfrontation, sondern auf langfristige Auslandseinsätze vor fremden Küsten, mit weiten Anmarschwegen und langen Einsatzzeiten ausgelegt. Die neuen Fregatten können besser in Küstenbereichen operieren als die F 122, verfügen über eine entsprechende Bewaffnung, über jeweils vier schnelle Schlauchboote. Sie sind als Konstruktionsvorgabe für zwei Jahre wartungsfrei geplant, um in weit entfernten Seegebieten entsprechende Standzeiten zu haben und Transitzeiten in die heimatlichen Stützpunkte zu sparen.

▲ Als Reaktion auf den völkerrechtswidrigen Angriff Russlands auf die Ukraine, der am 24. Februar 2022 begann, rief Bundeskanzler Olaf Scholz drei Tage später in einer Sondersitzung des Deutschen Bundestags eine „Zeitenwende" aus.

▶ Die Fregatte Lübeck während ihres letzten Einsatzes im Frühjahr 2022. Als letzte Fregatte der Bremen-Klasse wurde sie am 15. Dezember 2022 außer Dienst gestellt.

Doch dies könnte in dem nun sich abzeichnenden Szenario der Landes- und Bündnisverteidigung für die ersten Einsätze dieser Einheiten gar nicht mehr so entscheidend sein. „Hier wird die Problematik der Marinerüstung deutlich, die zwangsläufig durch Langfristigkeit geprägt ist. Zwischen Planungsbeginn und dem erstem Einsatz einer Fregatte liegen oft zehn Jahre, in denen sich die politischen Rahmenbedingungen und damit die Anforderungen an die Schiffe erheblich ändern können. Das ist mit dem russischen Angriff auf die Ukraine und der als Reaktion von Bundeskanzler Olaf Scholz ausgerufenen Zeitenwende geschehen. Jetzt gibt es wieder eine Bedrohung in der Ostsee und an der Nordflanke. So wird die U-Boot-Jagd erneut eine viel bedeutendere Rolle spielen", sagt Konteradmiral a. D. Gottfried Hoch, fügt jedoch hinzu: „Die Geschichte der F 122 hat aber gezeigt, wie gut die Marine in der Lage ist, sich an veränderte Rahmenbedingungen anzupassen. Das wird sie auch in Zukunft unter Beweis stellen, nicht zuletzt mit den bereits in Dienst gestellten vier Fregatten der Baden-Württemberg-Klasse." Auch die neu in Auftrag gegebenen Fregatten der Klasse 126 können – und müssen – sich wiederum den neuen Einsatzkonzeptionen anpassen.

▲ Die Fregatte F 222, Baden-Württemberg wurde im Jahr 2019 als Typschiff der Klasse 125 in Dienst gestellt. Sie stellt mit inzwischen vier Einheiten die jüngste Entwicklung im Bauprogramm der Deutschen Marine dar.

▶ Der Einsatzgruppenversorger Bonn und die Fregatten Augsburg, Lübeck, Schleswig-Holstein, Sachsen und Hamburg nutzen die Gelegenheit für ein PHOTOEX („Photo Exercise", die Möglichkeit, ungewöhnliche Fotoaufnahmen zu machen) am Auslauftag in der Deutschen Bucht, am 11. Juni 2018.

F 214

Kapitel 2

VIER EREIGNISSE AUS VIER JAHRZEHNTEN

1984

KOLLISION IN SCHWEREM STURM

18. Oktober 1984: Während eines siebenwöchigen Work-up-Trainings, in dem die Gefechtsbereitschaft des Schiffes hergestellt werden sollte, lief die Fregatte Bremen an diesem Herbstabend unter schwierigen Bedingungen in den Marinehafen der im Ärmelkanal gelegenen Isle of Portland ein. Das Wetter war miserabel, im Lauf des Nachmittags hatte der Sturm stetig zugenommen und schließlich die Stärke 9 erreicht. Er blies zwar heftig und unangenehm, doch niemand an Bord rechnete mit einer besonderen Gefahrensituation. Nachdem die Bremen in dem sehr großen Vorhafen geankert hatte, begab sich die Besatzung wie üblich zur Nachtruhe. Hinter der Fregatte lag die H.M.S. Glamorgan, ein Zerstörer der County-Klasse der Royal Navy, der zwei Jahre zuvor im Falklandkrieg die Attacke einer argentinischen Exocet-Rakete überstanden hatte.

„Der Sturm war wirklich heftig, aber so etwas hatten wir schon öfter erlebt. Ich weiß noch, dass ich bald eingeschlafen bin", erinnert sich Karl-Heinz Schulze, der damals als Stabsbootsmann im Funkraum Dienst tat. „Unsere Nachtruhe fand ein jähes Ende, als gegen Mitternacht die Alarmglocken schellten. Aus dem Lautsprecher kam die Durchsage: ‚Besatzung auf Gefechtsstation. Der Anker schliert!' Wenn sich der Anker bei solchem Wetter vom Hafengrund löst, ist das äußerst gefährlich. Tatsächlich bewegte sich die Fregatte unkontrolliert auf die Glamorgan zu." Die Besatzung der Bremen war auf Gefechtsstation, musste aber ohnmächtig erleben, wie ihr Schiff scheinbar unaufhaltsam auf die Glamorgan zutrieb. Und dann kam es zur Kollision, die Fregatte glitt an der Bordwand des Zerstörers entlang, wobei ihre Reling und ein Aufbau des Hangars demoliert wurden. Um von der gleichfalls leicht beschädigten Glamorgan frei zu fahren, gab Fregattenkapitän Klaus-Peter Giesecke, der Kommandant der Bremen, den Befehl, einen der beiden Propeller anzufahren. „Der Sturm hatte weiter zugenommen, dürfte die Stärke 10 erreicht

◂ Der startende Bordhubschrauber der Bremen vom Typ Sea Lynx Mk 88 im Routinebetrieb

◂▾ Blick auf das Flugdeck der Bremen mit heruntergeklappter Reling

e beiden Oberstabsbootsmänner a.D. **arl-Heinz Schulze** (Kalle-FuM, li.) und **Gerd** **ollmann** (Molli, re.) wollten noch einmal as Flair einer Fregatte der Klasse 122 in er PUO-Messe erleben. Nach einem diesbe-üglich geäußerten Wunsch reagierte der Wachtmeister der Fregatte „Lübeck", Ober-stabsbootsmann **Bernd Ohlhaut** (Mitte), mit einer Einladung zum „Seemannssonntag" an Bord. Für die beiden ehemaligen Besatzungsangehörigen des Typschiffes, der Fregatte „Bremen", war es ein einmaliges Erlebnis, noch einmal dabei sein zu dürfen. Mit je einem Wappen der PUO-Messe verließen die beiden alten Herren mit wehmütigen Gefühlen die letzte Fregatte der „Bremen"-Klasse. Auch sie folgt dem Weg ihrer Vorgänger und wird außer Dienst gestellt. BILD: KALLE SCHULZE

▸ Ein persönlicher Abschied von den Fregatten der Klasse 122: Am 14. Juli 2022 besuchten Oberstabsbootsmann a. D. Karl-Heinz Schulze (l.) und sein Kamerad Oberstabsbootsmann a. D. Gerd Mollmann (r.) die Fregatte Lübeck. Gastgeber war Oberstabsbootsmann Bernd Ohlhaut, der Schiffswachtmeister der Lübeck.

▴ Die Wilhelmshavener Zeitung berichtete ebenfalls über diesen Besuch.

haben, die Sicht war noch schlechter geworden, und plötzlich spürten wir eine schwere Erschütterung an Bord. Was war jetzt geschehen? Es zeigte sich, dass unser Propeller die Ankerkette der Glamorgan berührt und diese um sich und um die Welle gewickelt hatte. Damit waren Fregatte und Zerstörer fest miteinander verbunden, eine außerordentlich gefährliche Situation. Zudem trieben beide ineinander verfangene Schiffe unkontrollierbar auf die Wellenbrecher des Hafens zu. Schließlich warf die Glamorgan die Ankerkette los und löste so die fatale Verbindung, um den Hafen fluchtartig zu verlassen. Auch die fünf oder sechs anderen Schiffe der Royal Navy und anderer Marinen verließen den Hafen von Portland, um sich so schnell wie möglich in Sicherheit zu bringen."

Für die Fregatte Bremen blieb die Situation auch danach noch brenzlig. Das Worst-Case-Szenario wären schwere Zerstörungen am eigenen Schiff und an anderen Schiffen gewesen. Schließlich kamen Schlepper, die das Schiff so weit stabilisierten, dass ein Taucher der Royal Navy mit dem Schweißgerät den längeren Teil der Ankerkette von jenem etwa zehn Meter langen Stück trennen konnte, das sich direkt um Propeller und Welle gewickelt hatte und dort festsaß. Mit Hilfe der Schlepper wurde die Bremen anschließend an die Pier gebracht, wo Taucher am nächsten Tag auch den festgeklemmten Rest der Ankerkette entfernen konnten.

Unter der Überschrift „Bremen rammte Zerstörer" schrieb die Wilhelmshavener Zeitung über den glimpflichen Ausgang dieser dramatischen Nacht: „Nach den offiziellen Verlautbarungen blieb es bei der Havarie bei Sachschäden, Personen wurden nicht verletzt." Der britische Hafenmeister kommentierte: „Nur das rasche Handeln des beteiligten Personals hat schweren Schaden verhindert."

Da die Reparatur nur im Dock vorgenommen werden konnte, fuhr die Bremen mit dem einzigen noch funktionierenden Propeller, mit halber Kraft und einer Höchstgeschwindigkeit von nur 13 Knoten innerhalb von zwei Tagen zurück nach Wilhelmshaven, wo die Schäden behoben wurden. Dabei musste die Backbordschraube, die an fünf Stellen kleinere Beschädigungen aufwies, ausgewechselt werden.

Für den Funker verbindet sich mit diesem Ereignis bis heute auch eine bewegende persönliche Geschichte. „Nachdem wir Wilhelmshaven erreicht hatten, konnte ich in der Mittagspause von Bord gehen, um meine Eltern zu besuchen, die nur zehn Minuten entfernt wohnten. Ich sprach mit meinem 71 Jahre alten Vater, ohne zu ahnen, dass ich ihn zum letzten Mal sehen würde", sagt Karl-Heinz Schulze, der bald darauf mit der reparierten Bremen wieder auslief, um die Ausbildungseinheit in Portland fortzusetzen. In seiner Funktion als Funkmeister meldet er sich kurz darauf routinemäßig bei Norddeich Radio an, um nachzufragen, ob irgendwelche Nachrichten vorlägen. „Dann sagte man mir, dass es einen Anruf für Herrn Schulze geben würde, also für mich selbst. Kurz darauf sprach ich mit meiner Frau, die mir mitteilte, dass mein Vater in der Nacht gestorben war."

Nachdem er sich gefasst hatte, meldete sich Schulze beim Kommandanten, der ihn sofort mit dem Bordhubschrauber zum nicht weit entfernten britischen Marinestützpunkt Yeovilton in der Grafschaft Somerset bringen ließ. Dort bestieg er eine Do 28 der Bundeswehr, die gerade eine Gruppe von Offizieren nach Köln bringen und von dort nach Kiel-Holtenau fliegen sollte – ein glücklicher Zufall. „Da die Kameraden an Bord von meinem Trauerfall wussten, sind sie einen Schlenker geflogen, sodass ich in Wittmund aussteigen konnte und sehr schnell bei meiner Familie war", sagt Schulze, der das Mitgefühl seiner Kameraden und deren spontane Hilfeleistung nie vergessen hat. „Auch in anderen Situationen habe ich erlebt, dass jeder für den anderen eingetreten ist und im Rahmen der eigenen Möglichkeiten stets ohne viel Aufhebens Hilfe und Unterstützung geleistet hat. Das war schon sehr beeindruckend."

UN

83

1994

EVAKUIERUNG UNTER BÜRGERKRIEGSBEDINGUNGEN

Friedenssicherung ist ein wichtiger humanitärer Auftrag, der sich aber oft schwer und mitunter auch gar nicht erfüllen lässt. Diese schmerzliche Erfahrungen mussten die internationalen Truppen machen, die 1993/94 auf der Grundlage der Resolution 814 des UN-Sicherheitsrates in Somalia eingesetzt wurden. Seit dem Sturz des langjährigen Diktators Siad Barre 1991 war das ostafrikanische Land immer stärker in einen Konflikt hineingeraten, der zwischen rivalisierenden Milizen, Clans, Warlords und einer weitgehend machtlosen Zentralregierung blutig und ohne jede Rücksicht auf die hungernde Zivilbevölkerung ausgetragen wurde.

„Der deutsche Einsatz hatte auch eine beabsichtigte außenpolitische Wirkung: Nach der Wiedervereinigung 1990 fiel der Einwand weg, die Bundesrepublik Deutschland könne sich auf Grund ihrer besonderen Lage und der zwei deutschen Staaten nicht an internationalen militärischen Einsätzen beteiligen. Deshalb wurden in einem ersten Herangehen zunächst internationale Einsätze angenommen, die keinen unmittelbaren Kampfeinsatz beinhalteten. Dazu gehörte als erster Einsatz von 1991 bis 1993 das Sanitätskontingent in Kambodscha zur Unterstützung der dortigen Wahlen. Es folgten UNOSOM I und unmittelbar im Anschluss UNOSOM II, ein reiner logistischer Unterstützungseinsatz", sagt Konteradmiral a. D. Gottfried Hoch, der damals als Kapitän zur See und Geschwaderkommandeur die Evakuierungsoperation der Bundeswehr aus Somalia, Operation „Southern Cross", führte.

Um die UN-Truppen zu unterstützen, die unter der Bezeichnung UNOSOM II humanitäre Hilfe leisteten, beschloss die Bundesregierung am 21. April 1993 auf Bitten der Vereinten Nationen die Entsendung eines verstärkten deutschen Nachschub- und Transportbataillons

▲ Wandbemalung an der Baracke des „German Airfield Detachment" in Mogadischu

◀ Kay Elzner, als Obermaat auf der KARLSRUHE, im Camp Mogadischu

◀▼ Einer der Bordhubschrauber vom Typ Sea Lynx Mk 88 wird auf dem Mogadischu-Airfield startklar gemacht, die Besatzung legt Splitterschutzwesten an.

▲ **Einlaufen der Fregatte Karlsruhe unter voller Gefechtsbereitschaft in den Hafen von Mogadischu**

▲▶ **Containerschutzwall im Hafen von Mogadischu, in dessen Deckung besetzte Heeresfahrzeuge mit dem zu evakuierenden Personal**

▶ **Steuerbordnock der Karlsruhe gefechtsbereit**

der Bundeswehr, das in der im Osten des Landes dicht an der Grenze zu Äthiopien gelegenen Stadt Beledweyne stationiert wurde. Insgesamt etwa 1.700 deutsche Soldaten versuchten dort, den Einheimischen zu helfen und sollten ein geplantes 500 Mann starkes indisches Kontigent logistisch unterstützen.

Da sich jedoch die Sicherheitslage von Woche zu Woche verschlechterte und das indische UN-Kontingent nicht aufgestellt wurde, beschloss die Bundesregierung am 20. Dezember 1993, den Einsatz zu beenden und die Truppen bis zum 31. März 1994 zurückzuziehen. Als sich Anfang 1994 abzeichnete, dass sich die amerikanischen Einheiten früher als erwartet zurückziehen würden, beauftragte der damalige Bundesverteidigungsminister Volker Rühe die Marine, die deutschen Truppen aus dem Bürgerkriegsland auf dem Seeweg zu evakuieren. Für den Seeweg hatte sich das Bundesverteidigungsministerium entschieden, da eine Evakuierung auf dem Luftweg mit Transportmaschinen angesichts möglicher terroristischer Angriffe bei Start und Landung in Mogadischu – dem einzig nutzbaren Flughafen in der Region – als zu gefährlich betrachtet wurde. Für die Marine lautete der Auftrag: „Sicherer Seetransport für die Bundeswehr-Angehörigen von Mogadischu nach Mombasa/Kenia“. Dort war der nächste sichere und von der zivilen Luftfahrt genutzte Flughafen, von dem aus die Truppen mit Transportmaschinen der Flugbereitschaft nach Deutschland geflogen werden konnten.

Für den Seetransport wurde innerhalb von wenigen Tagen die German Task Group 501.02 aufgestellt, die aus den Fregatten KÖLN und KARLSRUHE, dem Versorger NIENBURG und dem Tanker SPESSART bestand. Während sich die KÖLN bereits im Mittelmeer befand und schon am 13. Februar mit der ersten Evakuierung beginnen konnte, liefen die KARLSRUHE, die NIENBURG und die SPESSART zwischen dem 28. Januar und dem 1. Februar aus Wilhelmshaven und Kiel aus. Innerhalb von kürzester Zeit mussten sich die insgesamt etwa 550 beteiligten Soldaten und Zivilbeschäftigten (Besatzung der SPESSART) auf eine völlig neue Situation und eine bisher unbekannte Bedrohung einstellen. Da es sich bei den Schiffen nicht um Truppentransporter handelte, galt es von Anfang an zu improvisieren. So wurden im Laderaum der NIENBURG 200 Feldbetten aufgestellt, um möglichst viele Heeressoldaten unterbringen zu können. Und auf den Fregatten, wo es nur wenige freie Kojen gab, wurden nach dem auf U-Booten bewährten Prinzip „Warme Koje" die Schlafplätze von der Besatzung und den eingeschifften Heeressoldaten abwechselnd genutzt.

▲ **Treffen der Fregatten Köln und Karlsruhe vor Mogadischu**

Einer der damals beteiligten Marinesoldaten war der Obermaat Kay Elzner, der zur Besatzung der Karlsruhe gehörte. Der 23-jährige Ostdeutsche hatte damals bereits eine bewegte Marinelaufbahn hinter sich. Nach einem Lehrgang auf dem DDR-Segelschulschiff Wilhelm Pieck (der heutigen Greif) entschied sich der seefahrtbegeisterte junge Mann 1988 für eine Unteroffizierausbildung bei der Volksmarine. Im Herbst 1989 fuhr er auf einem DDR-Minensucher und erhielt bei einem Ostseeeinsatz den Auftrag, die Fregatte Karlsruhe zu beobachten. „Die westdeutschen Kameraden haben uns damals zugewinkt. Wir durften nicht zurückwinken, einige haben's aber trotzdem getan. Für mich war die Bundesmarine nie der Feind, für einige der älteren Kameraden schon", erinnert er sich. Nach der Wiedervereinigung stellte Elzner einen Antrag auf Übernahme in die Bundeswehr, dem auch stattgegeben wurde. Er kam zum Aufnahmebataillon nach Bad Sülze, wurde dann auf einen Dienstposten im Bereich der Schiffstechnik auf den Zerstörer Mölders versetzt und wechselte nach dem Ende seines Unteroffizierlehrgangs auf die Karlsruhe, also ausgerechnet auf die Fregatte, der er 1989 schon als Angehöriger der Volksmarine begegnet war.

Fünf Jahre später war er nun auf der Karlsruhe zum ersten Mal an einem Einsatz beteiligt, bei dem es sich um keine Übung, kein Manöver handelte. „Wir wussten, dass wir dringend gebraucht wurden, und sind deshalb mit hohem Tempo nach Mogadischu gefahren und unter Gefechtsbedingungen in den Hafen eingelaufen, wo wir gemeinsam mit der Nienburg und der Spessart eintrafen. Die Fregatte Köln, von der aus Kommandeur Gottfried Hoch den Einsatz leitete, war schon vor uns dort", sagt Elzner, der den ostafrikanischen Hafen als Kampfgebiet erlebte: Etwa ein Dutzend Kriegsschiffe lagen dort, ständig starteten und landeten Hubschrauber. Artilleriefeuer war zu hören. Alles musste schnell gehen, für die Aufnahme von 100 Soldaten standen nur etwa zehn Minuten zur Verfügung, insgesamt sollte die Karlsruhe nicht mehr als eine Stunde im Hafen liegen, um sich nur möglichst kurze Zeit in dem von Handfeuerwaffen unmittelbar bedrohten Hafenbereich aufzuhalten.

So schnell wie möglich ging es anschließend über den Äquator nach Mombasa in Kenia, eine Strecke von 500 Seemeilen, die in zwei Tagen absolviert wurde. Und wie ging es an Bord zu? „Die Außentemperatur betrug 50 Grad, im Schiff waren es vielleicht noch 36 Grad. Angesichts der beengten Verhältnisse mussten die Kameraden überall untergebracht werden. Sie lagen in den Kammern teilweise zu zweit auf dem Fußboden, in den Messen auf den Sitzreihen, einfach überall, wo Platz war." Kaum waren die Heeressoldaten in Mombasa von Bord gegangen, fuhren die Schiffe zurück nach Mogadischu, um die Evakuierung mit dem nächsten Kontingent fortzusetzen.

Aus unterschiedlichen Gründen konnte die Karlsruhe nicht alle Einsätze mitfahren. Der Verband führte insgesamt fünf Umläufe durch, wobei der letzte unter deutlich verschlechterter Sicherheitslage stattfand. Die Karlsruhe konnte nicht mehr in den Hafenbereich einlaufen, da die Rebellenkontingente dichter aufgeschlossen hatten und eine Gefährdung im Hafen durch Steilfeuerwaffen bestand. Der Transfer wurde nun ausschließlich mit den vier Bordhubschraubern der beiden Fregatten abgewickelt. „Wenn wir zur Pier schauten, sahen wir dort einen aus Containern errichteten Wall, der uns vor Scharfschützen schützen sollte. Außerdem versuchten die Rebellen von Land aus, die Schiffe mit Granatwerfern zu beschießen. Auf der Landseite sicherten Bundeswehreinheiten mit dem Kettenfahrzeug Wiesel die Aktion. Trotzdem wurde es immer gefährlicher", sagt Kay Elzner.

▲ **Obermaat Kay Elzner in der Backbordnock der Karlsruhe, einen Tag vor Eintreffen im Einsatzgebiet**

▶ **Dieses Aquarell schuf Kay Elzner auf der Grundlage der Skizzen, die er an Bord der Karlsruhe unter dem unmittelbaren Eindruck des Einsatzes gezeichnet hatte.**

Als Freiwillige gesucht wurden, die die Heereseinheiten und anderen UN-Truppen bei der Sicherung des Flughafens Mogadischu unterstützen und gleichzeitig Kontakt zu den Einheiten auf See halten sollten, meldete sich Elzner, der schon während des Jugoslawienkriegs für Sondereinsätze ausgebildet worden war. Für ihn war das eine schnelle, aber keine leichte Entscheidung, da er wusste, dass es jetzt wirklich ernst werden würde. „Ich erlebte zum ersten Mal die Realität eines afrikanischen Bürgerkriegs. Da verschieben sich die Prioritäten, und man begreift, was Humanität, Verantwortung und Menschlichkeit tatsächlich bedeuten. Das hat mich für mein ganzes Leben geprägt", sagt Elzner, der den Einsatz unverletzt überstanden hat.

Knapp drei Monate, vom 27. Januar bis zum 15. April, dauerte die Operation „Southern Cross" einschließlich der Transitphasen aus Deutschland in das Operationsgebiet und zurück, in deren Verlauf die vier deutschen Schiffe innerhalb von knapp vier Wochen insgesamt 1.492 Soldaten aus Somalia evakuierten – eine außergewöhnliche und einmalige Situation, in der sich die Leistungsfähigkeit der Schiffe und die hohe Einsatzbereitschaft und Motivation der Besatzungen gezeigt hatten.

Als Kay Elzner von seinem gefährlichen Einsatz auf dem Militärflugplatz von Mogadischu zurück an Bord war, versuchte er in all dem Durcheinander und Trubel etwas Ruhe zu finden und zur Besinnung zu kommen. So gut es eben ging, zog er sich zurück und fing an, das Erlebte auf der Rückseite eines alten Tagesbefehls mit dem Bleistift zu skizieren. Auf der Grundlage dieser Skizzen hat der Stabsbootsmann, der heute als Illustrator arbeitet, ein Aquarell gemalt, das auch veröffentlicht wurde – seine persönliche Art, diesen Einsatz zu verarbeiten.

2005

THEATER IN DSCHIBUTI

Von April bis Mitte September 2005 war die Fregatte KARLSRUHE im Rahmen der Operation „Enduring Freedom“ am Horn von Afrika im Einsatz. Als Teil einer multinationalen Taskforce beteiligte sie sich an der Überwachung und Sicherung des zu dieser Zeit durch Piraten besonders stark gefährdeten Seeraumes. Wichtigste Aufgabe bei diesem vom Deutschen Bundestag mandatierten Einsatz war das Aufspüren von verdächtigen Schiffen und deren Kontrolle. Manchmal ging es auch um Seenotrettung, so rettete die Besatzung am 29. April 2005 vor der Küste Somalias zahlreiche Schiffbrüchige von Bord eines sinkenden Bootes.

Der Alltag auf diesem gut sechs Monate währenden Einsatz war anstrengend und teilweise recht monoton, denn auch der Hafen von Dschibuti, wohin die KARLSRUHE nach jeweils etwa zehntägigen Fahrten zurückkehrte, bot wenig Abwechslung und Entspannung.

▲ **Abendstimmung in der Nock, im Vordergrund ein Peildiopter**

◀ **Die Fregatte KARLSRUHE in der Einsatzkonfiguration**

◀◀ **Szenenfotos von der Theateraufführung an Bord der Fregatte KARLSRUHE 2005 in Dschibuti**

▲ Die Generalprobe im Hangar mit kleinen Gedächtnislücken

▲▶ Kaffee, Brot und Eier waren echt und wurden nach der Probe verspeist.

Der Kontrast zwischen dem prosperierenden Hafen und der Armut der Bevölkerung war groß. Die meisten einheimischen Männer kauten die Blätter der Kathpflanze, die eine berauschende Wirkung haben. Hinzu kam das für Europäer schwer erträgliche Klima. Die Tageshöchstwerte erreichten bis zu 42 Grad Celsius und die Luftfeuchtigkeit betrug etwa 50 Prozent.

Trotz des wiederholten Einsatzes am Horn von Afrika, so der Schiffswachtmeister Horst Villmow, war die Stimmung an Bord recht gut. „Aufgrund der allgemeinen Verhältnisse hatten die Kameraden wenig Anlass, in Dschibuti an Land zu gehen. Sie schätzten das vergleichsweise gute Leben an Bord und waren vor allem froh über die klimatisierten Räume des Schiffs“, erinnert er sich. Er wusste aber auch, dass der Einsatz auf dem engen Schiff zunehmend monoton werden würde.

An den langen Abenden machten er und seine Kameraden sich in der Portepeeunteroffiziermesse Gedanken darüber, wie man der Besatzung etwas Abwechslung verschaffen könnte. Es gab verschiedene, meist nicht realisierbare Vorschläge, bevor die Idee einer Theateraufführung ins Spiel gebracht wurde.

Theater auf einem Kriegsschiff, könnte das überhaupt funktionieren? Noch dazu hatte keiner der Beteiligten Bühnenerfahrung. Mit einer Ausnahme: Hauptbootsmann Thomas Staack, der sich beson-

ders engagiert für das Projekt einsetzte, war Laienschauspieler und wusste auch ungefähr, wie man ein Stück inszeniert, da seine Frau in der heimatlichen Amateurtheatergruppe Regie führte. So fasste man in der Portepeeunteroffiziermesse einen Doppelbeschluss: Man würde ein Theaterstück einstudieren, dies allerdings unter absoluter Geheimhaltung. Informiert wurde nur Kommandant Joachim Gutow, der auch seine Unterstützung zusagte.

In den folgenden Wochen hatten die zunächst zwölf Beteiligten keine Freizeit. Abend für Abend saßen sie zusammen und überlegten, was nun alles zu tun sei: Zunächst ging es um die Auswahl des Stückes, das einerseits eingängig und humorvoll sein sollte, andererseits aber nicht zu kompliziert zu spielen sein durfte. Schließlich einigte man sich auf das bei Amateurtheatern beliebte Stück „Das bisschen Haushalt. Ein dörflicher Schwank in drei Akten“ von Heiko Raupp.

Zunächst mussten die Textbücher bestellt und per Post geliefert werden, damit die Schauspieler ihre Rollen lernen konnten. Da das Stück nicht nur Männer-, sondern auch Frauenrollen vorsieht, aber 2005 nur sehr wenige Frauen an Bord der Karlsruhe waren, erklärten sich einige Portepeeunteroffiziere bereit, die Frauenrollen zu übernehmen. Dafür wurden auch entsprechende Kostüme gebraucht, außerdem Perücken, High Heels, Schminke wie überhaupt das unver-

▲ Bei Textunsicherheit war Improvisation gefragt.

▲◀ Textbuch, Elektronik und Handlung mussten in Echtzeit vereint werden.

▲ **Mehrere Fregatten der Klasse 122 nahmen an der Operation „Enduring Freedom" teil. Hier ist die KARLSRUHE im April 2005 bei der Rettung von Schiffbrüchigen zu sehen.**

▶ **Das Publikum der Theateraufführung an Bord der KARLSRUHE, das nicht nur aus eigenen Besatzungsangehörigen bestand, amüsierte sich sehr.**

zichtbare Theaterequipment – alles Dinge, die sich nicht in Dschibuti besorgen ließen und deshalb mit auf die Liste für die regelmäßigen Versorgungsflüge kamen.

Natürlich blieben die Vorbereitungen der Mannschaft nicht verborgen, aber worum es sich bei dieser merkwürdigen Aktion handelte, konnte sich niemand erklären. Da die Geheimhaltung unbedingt gewahrt bleiben sollte, stellte der Kommandant der Theatertruppe zeitweise den Hangar zur Verfügung, in dem die Teilnehmer ungestört gemeinsam proben konnten. Im Lauf der Zeit verwandelten sich die Portepeeunteroffiziere in leidenschaftliche Laiendarsteller, die ganz in ihren Rollen aufgingen. Nachdem die Truppe entschieden hatte, nun bühnenreif zu sein, wurde die Sache endlich offiziell: Als die KARLSRUHE am 27. August 2005 mal wieder Dschibuti anlief, wurde im Tagesbefehl die abendliche Theateraufführung angekündigt. Die Bühne sollte im Hangar stehen, das Flugdeck war als Zuschauerraum vorgesehen.

Noch am Vormittag ließ der Kommandant den Hangar sperren, damit wenigstens einmal am Aufführungsort unter realen Bedingungen geprobt werden konnte. Dann machte sich die inzwischen auf etwa 20 Personen angewachsene Theatergruppe daran, eine Bühne zu errichten. In den vorangegangenen Wochen hatte man in den Häfen das dafür notwendige Holz, zum Beispiel von Paletten, besorgt und unauffällig gelagert. Für den Bühnenvorhang wurde ein Lastenschirm (Fallschirm zum Abwurf von Lasten) umfunktioniert. „Bei der Hitze waren wir durch die Arbeit völlig nass geschwitzt und eigentlich schon vor Vorstellungsbeginn fix und fertig", erinnert sich Horst Villmow. Dann duschten die Schauspieler, zogen ihre Kostüme an, schminkten sich und warteten mit ziemlich viel Lampenfieber auf den Vorstellungsbeginn.

Auf dem Flugdeck hatten sich mehrere Hundert Menschen versammelt, nicht nur die nahezu komplette Besatzung der KARLSRUHE, sondern auch Besatzungsmitglieder von anderen deutschen und ausländischen Kriegsschiffen, die sich das Ereignis nicht entgehen lassen wollten. Man stand oder saß auf Holzbänken und bediente sich an Bierständen. Die Stimmung war trotz des ernsten und fordernden Einsatzes sehr gelöst.

Dann hob sich der Vorhang, und die echten Männer und falschen Frauen begannen ihr Spiel, das immer wieder durch Szenenapplaus unterbrochen wurde. Dass die Engländer, Franzosen und Amerikaner den Text nicht verstehen konnten, fiel dabei kaum ins Gewicht, da das Bühnengeschehen – nicht zuletzt durch die Seemänner mit Rüschenrock und Stöckelschuhen – so komisch wirkte, dass man die ohnehin nicht besonders tiefgründige Handlung nicht unbedingt komplett verstehen musste.

„Es wurde so laut gelacht und so euphorisch geklatscht, dass wir uns gegenseitig nicht mehr hören und unsere Einsätze nur noch erahnen konnten. Aber das tat dem Ganzen keinen Abbruch, wir wurden gefeiert wie Stars, und Hunderte Seeleute erlebten im Hafen von Dschibuti einen Theaterabend als willkommene Abwechslung von ihrem anstrengenden und manchmal tristen Einsatz. Viele von ihnen erzählen bis heute begeistert davon", sagt Horst Villmow.

Für ihn und einige andere Mitspieler sollte die Aufführung Konsequenzen haben: Sie schlossen sich in ihren Heimatorten später Amateurtheatergruppen an und stehen in ihrer Freizeit manchmal noch heute auf der Bühne.

2022

DER LETZTE EINSATZ DER FREGATTE LÜBECK

Am Vormittag des 17. Januar 2022 verließ die Fregatte Lübeck Wilhelmshaven zu ihrem letzten Einsatz. Sie fuhr durch den Ärmelkanal durch die Biskaya, entlang der portugiesischen Küste bis zum spanischen Marinestützpunkt Rota, um dort aufzutanken. Dann ging es weiter durch die Meerenge von Gibraltar, vorbei an Sardinien und Sizilien Richtung Kreta, wo sie am 28. Januar im griechischen Marinestützpunkt Souda Bay eintraf. Zum vierten Mal sollte sie sich dem Nato-Schiffsverband Standing Maritime Group 2 anschließen, um in enger Abstimmung mit der griechischen und türkischen Küstenwache und der europäischen Grenzschutz-Agentur Frontex den Seeraum zu überwachen. Ziel dieses internationalen Einsatzes, der bereits seit 2016 lief, war die Bekämpfung von Menschenschleusernetzwerken. Da die Schiffe keine hoheitlichen Befugnisse hatten, ging es vor allem um die Unterstützung der Anrainerstaaten. Der Auftrag hieß kurz gefasst:

▲ Kapitänleutnant Stefan Pietrass an Bord der Fregatte Lübeck

◀ Marinehafen in Rota, Spanien (nahe Cádiz) zum Tankstopp auf dem Rücktransit

◀◀ Besatzungsfoto der Lübeck mit der letzten „Einsatzbesatzung" der Fregatte

▲ **Passage des Vulkans Stromboli, nördlich der Straße von Messina**

▶▲ **Passage der Meerenge von Gibraltar**

▶ **Während der Passage der Meerenge (englisch „choke point“, Engpass) ist die Waffengruppe auf Station.**

beobachten und melden. Die Seenotrettung war zwar nicht Teil des Auftrags, gehörte aber unabhängig davon zu den völkerrechtlich gebotenen Verpflichtungen.

Zunächst deutete alles auf einen Routineeinsatz hin. Kurz vor dem Auslaufen in Wilhelmshaven hatte der Kommandant, Fregattenkapitän Kai Röckel, gesagt: „Zu Hause konnten wir umfassende Instandsetzungen und Prüfungen meistern und sind so nun wieder bestmöglich für unseren bevorstehenden Einsatz vorbereitet.“ Klar war, dass aufgrund der Corona-Bedingungen keine Landgänge möglich sein würden. „Das ist für alle eine hohe Belastung. Mit der nötigen Professionalität und der Motivation meiner Besatzung wird die ‚Lucky Lübeck‘ aber auch den geplant letzten Einsatz ihrer 32-jährigen Dienstzeit bewältigen“, sagte der Kommandant.

Während des langen Transits liefen die üblichen Ausbildungsabschnitte, mit denen vor allem die neu an Bord gekommenen Kameraden geschult und ins Team geholt wurden. Man probte unter anderem die Brand- und Leckabwehr, das Vorgehen bei in Not geratenen Personen, den Eigenschutz und die Sanitätsausbildung. Gemäß der Vorschrift war die Ausbildung beim Eintritt ins Einsatzgebiet abgeschlossen.

Als die Lübeck in Souda Bay eintraf, bot die große Pier genügend Platz, um direkt neben der Fregatte Schleswig-Holstein anzulegen, die sie ablösen sollte. Die kurzen Wege erleichterten die Übergabe, bei der die Aufgaben aus allen Verantwortungsbereichen besprochen und abgeklärt wurden, ebenso wie alles, was für den Einsatz von Belang war.

Dann kam der 24. Februar, der Tag, an dem Russland die Ukraine überfiel und auch der letzte Einsatz der Fregatte Lübeck seinen Routinecharakter verlor. Obwohl bald feststand, dass der Einsatz wie geplant weitergeführt werden würde, hatte sich die Atmosphäre geändert. Das spürte auch Kapitänleutnant Stefan Pietrass, als er am 15. März an Bord kam. Krankheitsbedingt hatte er den Einsatz nicht von Anfang an mitmachen können und war deshalb später nach Kreta geflogen. Für ihn war es schon der vierte Einsatz mit der Lübeck in der Ägäis. Als Zweiter Führungsmittel- und Waffeneinsatzoffizier trat er seinen Dienst als Wachleiter in der Operationszentrale an.

„Ich kannte mich gut aus und spürte daher sofort die Veränderung der Stimmung. Jeder wusste, dass wir nicht weit entfernt vom Schwarzen Meer und damit vom Kriegsgebiet operierten. Auch bei den früheren Einsätzen waren wir oft russischen Kriegsschiffen

◂ ▴ Einlaufen der Lübeck im griechischen Souda Bay im Januar 2022

▲ Auf der Brücke der Lübeck wird beobachtet, wie der Einsatzgruppenversorger Bonn den Militärhafen von Souda Bay auf Kreta verlässt und ins Einsatzgebiet verlegt, anschließend läuft die Fregatte Lübeck aus, um den Heimattransit zu starten.

▲▶ Die Fregatte Lübeck hat den Hafen von Souda Bay zum letzten Mal verlassen.

▶ Der Seefernaufklärer P-3C Orion vom Marinefliegergeschwader 3 verabschiedet sich von der Lübeck mit einem Überflug und „wackelt" dabei mit den Tragflächen.

begegnet, doch jetzt war es anders", sagt Pietrass. Da die Türkei den Bosporus für russische Kriegsschiffe gesperrt hatte, begleiteten diese die russischen Handelsschiffe zum Beispiel auf dem Weg von und nach Syrien, bevor oder nachdem diese allein den Bosporus passiert hatten. „Natürlich kannten wir die russischen Fregatten und Zerstörer, wussten genau, über welche Waffensysteme sie verfügen, doch gewann das jetzt eine viel größere Bedeutung", sagt der Offizier. Deshalb stellte man die Ausbildung darauf ein und übte die entsprechenden Szenarien, um vorbereitet zu sein, auch wenn eine direkte Konfrontation mit russischen Kriegsschiffen unwahrscheinlich erschien. Hauptaufgabe blieb jedoch die Erstellung eines lückenlosen Lagebildes im Ägäischen Meer, um in Kooperation mit den Partnern die Schleuserkriminalität wirksam bekämpfen zu können.

Anfang Juni wurde die Lübeck von dem Einsatzgruppenversorger Bonn abgelöst, der inzwischen in Souda Bay eingetroffen war. Die Übergabe nahm mehrere Tage in Anspruch. „Danach begann mit dem Transit nach Wilhelmshaven für die Lübeck und deren Besatzung die ‚Fahrt der letzten Male': das letzte Auslaufen aus Kreta, der letzte Blick auf Gibraltar, der letzte Sonntag auf See, die letzte Wache", erinnert sich Kapitänleutnant Stefan Pietrass. Obwohl den Besatzungsmitgliedern während des Transits nicht viel Zeit zum Nachdenken und Erinnern blieb, schwang doch immer ein Hauch Wehmut mit. „Wir tauschten uns mit den Kameraden aus, erinnerten uns an gemeinsame Erlebnisse, und jeder nahm auf seine Weise Abschied von der Fregatte LÜBECK", sagt Pietrass, der am letzten Tag kurz vor dem Einlaufen lange Zeit allein an Oberdeck stand und seine Erinnerungen Revue passieren ließ.

Als die LÜBECK nach 32 Dienstjahren, in denen sie insgesamt 863.449 nautische Meilen zurückgelegt hat, am 16. Juni nach fünfmonatigem Nato-Einsatz ihren Heimathafen Wilhelmshaven erreichte, wurde ihr schon am Tag zuvor ein „großer Bahnhof" bereitet. Zwei Hubschrauber begleiteten das Schiff beim Einlaufen, bei dem die LÜBECK von zwei der neuesten Fregatten der Klasse 125 eskortiert wurde. Das Marinemusikkorps spielte, und etwa 700 Soldatinnen und Soldaten, Familienangehörige und Freunde verfolgten die letzte Rückkehr des Schiffs, wobei sich Wiedersehensfreude mit Abschiedswehmut mischte. Ein bisschen verändert präsentierte sich die Fregatte an diesem Tag, denn im letzten Hafen in Kreta hatten die Seeleute auf die Wand des Hangars einen riesigen Adler gemalt, das Wappen von Lübeck. „Damit wollten wir noch einmal die Verbundenheit mit unserer Patenstadt zum Ausdruck bringen", sagt Kapitänleutnant Stefan Pietrass und fügt hinzu: „Und den Stolz auf unser Schiff."

83 07

Passieren der Molenköpfe in Wilhelmshaven

Angehörige warten auf das Einlaufen der LÜBECK.

Ein Bordhubschrauber Sea Lynx Mk 88A vom Marinefliegergeschwader 5 mit Flagge „Farewell F 122" und den acht Wappen

Kapitel 3

ACHT SCHIFFE – ACHT MENSCHEN

FLORIAN GOLBIK AUF DER FREGATTE BREMEN

Erstmalig ging ich im März 2009 an Bord der BREMEN, die damals schon eine ältere Dame war. Das hatte sich zufällig ergeben, denn ursprünglich war ich für die Fregatte SACHSEN eingeplant, die zu diesem Zeitpunkt aber schon auf dem Weg nach Amerika war. Da ich nicht hinterherfliegen konnte, wurde ich erst für ein paar Wochen auf die BRANDENBURG ausgeliehen, bis ich das Angebot bekam, als Signalgast für das anstehende German Operation Sea Training, kurz GOST genannt, auf die BREMEN zu gehen. Diese Ausbildung, die man in Plymouth in Südwestengland absolviert, ist das härteste Training, das man bei der Marine haben kann. Als junger Matrose empfand ich gehörigen Respekt vor dieser Ausbildung, bei der man wochenlang mit maximal vier Stunden Nachtschlaf auskommen muss und ansonsten ständig Action hat. Ich war damals noch Grundwehrdienstleistender, und da ich aus Berlin stamme und möglichst weit von zu Hause weg-

◂ Die Fregatte BREMEN an der Pier im Marinestützpunkt Wilhelmshaven

◂◂ Oberleutnant zur See Florian Golbik kam im März 2009 als Signalgast an Bord der BREMEN.

▲ Bevor die BREMEN am 20. Februar 2010 in den Marinestützpunkt Wilhelmshaven einläuft, ankert sie, um die letzten Einlaufvorbereitungen zu treffen.

▲▶ Das Stadtwappen am Bug: Als erstes Schiff der Serie, marineintern auch Typschiff genannt, wurde die 1982 in Dienst gestellte Fregatte zur Namensgeberin der Bremen-Klasse.

wollte, konnte ich mir nicht vorstellen, irgendwo in Brandenburg im Panzer zu sitzen, sondern wollte auf ein Schiff gehen. Schiffe waren damals für mich fremd, ich hatte mich noch nie damit beschäftigt und meine einzigen „Schiffserfahrungen" als Passagier von Ausflugsbooten auf dem Müggelsee und auf der Spree erworben.

Die sechs ersten Wochen, die ich in England auf der BREMEN war, haben mich so stark geprägt, dass ich auf jeden Fall auf diesem Schiff bleiben wollte. Nachdem ich mich als freiwillig Längerdienender verpflichtet hatte, klappte das auch. Die ersten Monate waren wir auf Nord- und Ostsee unterwegs, doch dann stand ein Einsatz in einem weit entfernten Seegebiet an, was ich damals als eine Art Belohnung empfand.

Ein solcher Einsatz war einerseits ernster als die übliche Ausbildung, andererseits war das Leben an Bord die meiste Zeit über auch entspannter, weil man nicht täglich diese harten Übungen machen musste. Wir nahmen am Atalanta-Einsatz teil, bei dem sich die Bundeswehr an der EU-Mission zum Schutz der Schiffe des Welternährungsprogramms am Horn von Afrika beteiligte. Als wir eintrafen, lief die Mission erst einige Monate. Für mich als 20-Jährigen war das eine völlig neue Erfahrung. Als junger und noch unerfahrener Soldat war ich zum ersten Mal in einer realen Situation mit einem Gegner konfrontiert, auch wenn es sich um eine asymmetrische Bedrohung handelte. Wir hatten es ja nicht mit einer anderen Marine, sondern

mit Piraten zu tun. Selbst wenn man vielleicht die Hintergründe und Motive dieser Menschen bis zu einem gewissen Grad verstehen konnte, waren es reale Gegner, die auch für uns eine Gefahr darstellen konnten.

Normalerweise attackierten die Piraten Handelsschiffe im Morgengrauen, konnten aber aufgrund der zu dieser Zeit oft schlechten Sichtverhältnisse mitunter nicht unterscheiden, ob sie ein ziviles oder militärisches Schiff vor sich hatten. Bewaffnet waren die Piratenboote meistens mit RPGs (Rocket-Propelled Grenades), eine Art Raketenwerfer, die auch uns hätten gefährlich werden können. Die Skiffs, wie die Schnellboote genannt werden, waren meistens mit vier oder fünf Piraten bemannt, die auch über Kalaschnikows verfügten.

Ich erinnere mich sehr genau, wie sich einmal ein solches Skiff uns so stark genähert hat, dass wir mit einer unseren Bordkanonen Warnschüsse abgeben mussten. Diese trafen das Boot, haben aber keinen der Piraten verletzt. Wenn einer unserer Helikopter ein verdächtiges Fahrzeug entdeckte, stoppte er es und gab uns die Koordinaten durch. Dann schickten wir ein eigenes Boardingteam mit einem Speedboot los, welches das verdächtige Boot kontrollierte und häufig Waffen oder Sprengstoff beschlagnahmte. Da wir uns in der Regel auf hoher See befanden, konnten wir die Piraten, wenn wir sie nicht direkt auf frischer Tat ertappten, aus rechtlichen Gründen nicht festnehmen, sie aber zumindest stoppen. Wir nahmen ihnen

▲ Mit zwei Propellern und einer Maschinenleistung von mehr als 50.000 PS erreichte die Bremen eine Spitzengeschwindigkeit von bis zu 30 Knoten.

▲◀ Nach 172 Tagen Abwesenheit kehrt die Bremen wieder in ihren Heimatstützpunkt Wilhelmshaven zurück. Sie hatte an der EU-geführten Operation „Atalanta" teilgenommen.

▾ Im Oktober 2010 nahm die BREMEN am ständigen Nato-Einsatzverband (Standing Nato Maritime Group 2 / SNMG 2) teil. Das Foto entstand im Hafen von Lissabon. Links von Florian Golbik ist das Segelschulschiff DANMARK der dänischen Handelsflotte zu sehen, welches zufällig auch im Hafen lag; direkt hinter ihm sind links die zum Verband gehörende niederländische Fregatte DE ZEVEN PROVENCIËN sowie rechts eine Fregatte der Oliver-Hazard-Perry-Klasse zu sehen.

▸ Als Signalgast hatte Florian Golbik Nachrichten und Signale mit Flaggen zu übermitteln oder – wie hier – mit der Signallampe.

die Mobiltelefone ab, deren Daten ausgelesen und an Militärnachrichtendienste weitergegeben wurden. Außerdem behandelten wir die Piraten erkennungsdienstlich, fotografierten sie und nahmen Fingerabdrücke. Da sie für diese Prozedur jeweils einzeln an Bord gebracht wurden, habe ich manche dieser jungen Männer auch mal aus geringer Distanz gesehen und dabei festgestellt, dass sie oft unter Drogen standen und die Blätter das Kathstrauchs kauten. Sie wirkten einerseits entspannt, durch den Rausch, aber auch unberechenbar, hätten also auch durchdrehen können. In manchen Situationen, wenn ich mit dicker Schutzweste auf der Nock stand, kam mir das wie Kino vor, irgendwie unwirklich und doch sehr real.

Wir hatten den klaren Auftrag, Handelsschiffe zu schützen. Und das war dann eben keine militärische Übung mehr, sondern Ernst. Dabei spürten wir, dass wir unter realen Bedingungen eine wichtige Aufgabe erfüllen konnten. Das habe ich selbst als befriedigend wahrgenommen. Insgesamt hatten wir drei Aufgaben: Wir sollten angegriffenen Schiffen militärisch helfen, darüber hinaus in dem

Schiff	Bremen
Einheit	F 207
Bauwerft	Bremer Vulkan
Stapellauf	27. 09. 1979
Taufpatin	Christine Koschnick
Taufspruch	*„Eines gebe Gott in Gnaden, dass du findest einen Kameraden, wer einen Kameraden fand, der griff die Sonne mit der Hand.“*
Indienststellung	07. 05. 1982
Außerdienststellung	28. 03. 2014

Seegebiet nach terrorverdächtigen Personen suchen und dabei den Waffenhandel möglichst unterbinden. Und schließlich sollten wir auch Schiffe, die UN-Hilfsgüter an Bord hatten, von Mombasa in Kenia entlang der somalischen Küste nach Mogadischu begleiten, wo sie dann von Polizeibooten empfangen wurden.

In Somalia konnten wir natürlich nicht an Land gehen, das wäre viel zu gefährlich gewesen. Da wir dicht vor Mogadischu lagen, erkannten wir den Alltag in der Stadt ganz gut. Allerdings wirkte die Stadt weitgehend ausgestorben, man sah vor der Küste einige ausgebrannte Schiffe, eine ziemlich surreale Szenerie. Nur zwei Tage zuvor hatten wir an Bord den 2001 gedrehten amerikanischen Spielfilm „Black Hawk Down" gesehen, in dem es um die „Schlacht von Mogadischu" von 1993 geht. Jetzt sahen wir den Schauplatz und fanden das schon ziemlich krass.

Insgesamt war ich drei Jahre und drei Monate an Bord der BREMEN, die ich als Stabsgefreiter wieder verlassen habe. Ich ging von Bord, weil ich mich dazu entschlossen hatte, Offizier zu werden, und die Ausbildung anschließend begann.

In zweifacher Hinsicht wurden für mich auf der BREMEN die Weichen gestellt: Einerseits war mir an Bord klar geworden, dass ich länger dienen würde, und andererseits, dass ich Offizier werden wollte. Für mein berufliches Leben war es ganz sicher die wichtigste Zeit. Ohne diese Erfahrung hätte ich später wohl nicht Nautik studiert und wäre nicht Marineoffizier geworden. Ich bin inzwischen auf allen Fregattenklassen gefahren, habe mich aber auf der 122er-Klasse am wohlsten gefühlt. Hier war das Leben an Bord am angenehmsten, und das hat sich auch auf die Besatzung übertragen.

Wie eng ich mit der BREMEN auch emotional verbunden war, zeigt eine Episode aus dem Jahr 2013. Ich war damals in der Offizierlaufbahn und sollte auf der Fregatte EMDEN im sogenannten Einsatz- und Ausbildungsverband ein Praktikum absolvieren. Im Hafen bin ich rüber zur BREMEN gegangen und habe gefragt, ob ich dort eine Woche als Gast mitfahren könne. Das war tatsächlich möglich, so ich ging auf mein altes Deck, konnte wieder auf der Brücke meinen alten Job als Signalgast machen und meine alten Kameraden unterstützen. In dieser Woche nahm ich Abschied von der BREMEN, denn das war ihre letzte Fahrt. Anschließend wurde sie außer Dienst gestellt.

◂ Frontansicht der Fregatte BREMEN mit dem vollautomatischen Schiffsgeschütz Oto Melara

▸ Anlässlich der Indienststellung der BREMEN am 7. Mai 1982 veröffentlichte die Deutsche Bundespost ein philatelistisches Gedenkblatt.

INDIENSTSTELLUNG
FREGATTE
»BREMEN« F207
WILHELMSHAVEN 07.05.1982
TAG DER BRIEFMARKE 1976
SALVA GUARDIA
10
DEUTSCHE BUNDESPOST
WILHELMSHAVEN
INDIENSTSTELLUNG
FREGATTE
-7.-5.1982
2940
Gedenkblatt anläßlich der Indienststellung und der Übernahme der Patenschaft der Fregatte Bremen
Allzeit gute Fahrt!
BREMEN
Indienststellung in Wilhelmshaven 7.5.1982
Übernahme der Patenschaft am 29.5.1982 in Bremen
F207
Kolberg Verlag – Idee und Ausführung geschützt. Nachdrucke – auch auszugsweise – nur mit Genehmigung Verlag.
ÜBERNAHME DER PATENSCHAFT
FREGATTE
»BREMEN« F207
FREIE HANSESTADT BREMEN
BREMEN, 29. MAI 1982
40
DEUTSCHE BUNDESPOST
Bremer Stadtmusikanten
BREMEN
28
Garantiert limitierte Auflage
von 1000 Stück
0067

RUDI HAARDT AUF DER FREGATTE
NIEDERSACHSEN

Als ich am 1. April 1982 an Bord kam, war die Fregatte NIEDERSACHSEN noch gar nicht in Dienst gestellt. Ich gehörte damit zur Erstbesatzung, die auch als Einfahrmannschaft bezeichnet wurde. Da ich aus Rheinland-Pfalz stamme, hatte ich nie zuvor etwas mit Seeschiffen zu tun gehabt. Bei der Marine gemeldet habe ich mich als Grundwehrdienstleistender auf Empfehlung meines Bruders. Vor allem aus zwei Gründen war ich hochwillkommen: Ich höre gut und habe ein gutes Tastgefühl. Da es damals noch Tastfunk gab, wurde ich Fernmelder im Bereich Schreibfunk/Tastfunk. Nach Beendigung der Fachausbildung an der Marinefernmeldeschule in Flensburg kam ein Kapitänleutnant der damaligen Stammdienststelle der Marine mit einem Zettel zu uns, auf dem verschiedene Kommandos standen, zu denen man sich nach der Ausbildung versetzen lassen konnte. Irgendwann

▸ Rudi Haardt, heute Stabsbootsmann, im Sommer 2022 in Wilhelmshaven vor der Fregatte LÜBECK. 1982 gehörte er zur Erstbesatzung der Fregatte NIEDERSACHSEN.

▸▸ Ein Hubschrauber vom Typ Sea Lynx Mk 88A fliegt vor der NIEDERSACHSEN, die sich im UNIFIL-Einsatz befindet.

las er vor: „Fregatte Niedersachsen, wird in naher Zukunft in Dienst gestellt und macht dann eine Weltreise.“ Eine Weltreise wollte ich schon immer machen und eine nagelneue und hochmoderne Fregatte fand ich natürlich auch interessant.

Deshalb habe ich mich sofort gemeldet, allerdings gab es ein Problem: Ich hatte mich als Soldat auf Zeit für zwei Jahre verpflichtet, Voraussetzung war aber SaZ 4, eine Verpflichtung für vier Jahre. Also habe ich kurz überlegt und dann innerhalb von zehn Minuten um zwei Jahre verlängert.

Worauf ich mich konkret eingelassen hatte, wusste ich natürlich nicht, konnte ich auch gar nicht wissen, denn niemand kannte eine Fregatte der Klasse 122, weil damals ja noch keine in Dienst gestellt war. Ich fuhr also nach Bremen-Vegesack, wo die Einheit damals lag, ging mit meinem Gepäck an die Pier und meldete mich zum Dienst

◀◀ **Spektakulärer Anblick: Die Niedersachsen durchquert am 2. Juni 2010 den Kanal von Korinth, der die Halbinsel Peleponnes vom griechischen Festland trennt.**

◀ **Der 6.343 Meter lange Kanal, der Ende des 19. Jahrhunderts erbaut wurde, ist auf der Höhe des Wasserspiegels nur knapp 25 Meter breit. Die Breite der Niedersachsen beträgt 14,57 Meter.**

auf dieser neuartigen Fregatte, die mir vom ersten Augenblick an sehr imponiert hat.

Am Anfang war für mich alles ungewohnt und fremd, die Dienstbezeichnungen, die maritimen Begriffe, die Gegebenheiten an Bord. Schließlich nahm mich ein Hauptgefreiter mit und zeigte mir, wo ich untergebracht war, nämlich in einer Kammer, die intern „Hotel Schraube" genannt wurde. Als wir auf See waren, merkte ich schnell, was es mit dieser merkwürdigen Bezeichnung auf sich hatte: Da die Kammer, die ich mir mit sieben Kameraden teilte, unmittelbar über der Schiffsschraube lag, waren die entsprechenden Geräusche nicht zu überhören.

Meine Kameraden auf der Kammer waren ausnahmslos altgefahrene Unteroffiziere, die teilweise auf den ausgemusterten Zerstörern der Fletcher-Klasse gedient hatten. In der Funkerei war außer mir vorerst nur ein zweiter Unteroffizieranwärter, der aus dem Saarland kam. Mit ihm bin ich insgesamt fünf Jahre zusammen gefahren und noch heute befreundet. STAN-mäßig (nach dem Stärke- und Ausrüstungsnachweis) waren die Fregatten der Klasse 122 mit sechs Unteroffizieren besetzt.

An Bord war alles neu, modern und faszinierend. Ich hatte noch gelernt, mit einer Schreibmaschine mit Lochstreifen umzugehen. Ein solches Gerät gab es zwar, aber es wurde nicht mehr benutzt. Als mein Funkmeister mich beauftragte, ein Fernschreiben zum Auslaufen

Luftaufnahme der Fregatte NIEDERSACHSEN in See aus dem Jahr 1982. Das Bild zeigt den ersten Ausrüstungsstand nach der Indienststellung.

zu erstellen, was ich dann in gewohnter Art und Weise an der T100 erstellte, nahm er meinen gestanzten Lochstreifen und warf ihn in den Papierkorb. „Funker Haardt, das ist alte Technik. Wir haben etwas viel Besseres", sagte er und zeigte mir einen Computer mit drei 8-Zoll-Floppy-Disk-Laufwerken, die je eine Speicherkapazität von 250 Kilobyte hatten. Das war damals Hightech, vor allem für mich, der ich nie zuvor an einem solchen Computer gearbeitet hatte. Aber ich gewöhnte mich schnell daran und lernte die Vorteile der verbesserten Arbeitsabläufe zu schätzen.

Nicht nur mein Arbeitsplatz, sondern auch das ganze Schiff war neu und ungewohnt. Auf der Unteroffiziermesse musste ich zum Einstand einen K24 hinstellen, damit war ein Kasten mit 24 Bierflaschen gemeint, der scherzhaft auch als Raketenwerfer bezeichnet wurde. Am Anfang waren wir zwölf Unteroffiziere, von denen viele aus Rheinland-Pfalz oder dem Saarland kamen. Das wirkte schon deshalb heimatlich, weil wir Mundart sprechen konnten. Während der monatelangen Erprobungsfahrten mit der Werftcrew auf der Nord- und Ostsee wurde die Rumpfmannschaft nach und nach aufgestockt.

Die Indienststellung am 15. Oktober 1982 in Wilhelmshaven habe ich noch gut in Erinnerung, auch weil es nicht nur um ein neues, sondern eben auch um ein neuartiges Schiff ging und in der Presse ausführlich darüber berichtet wurde. Es waren viele Ehrengäste dabei, zum Beispiel der damalige niedersächsische Ministerpräsident Ernst Albrecht. Während die kurz vorher in Dienst gestellte Fregatte Bremen als „first of class" bezeichnet wurde, galt die Niedersachsen von nun an als „second to none" (engl. „unübertroffen").

Zunächst operierten wir vor allem auf Nord- und Ostsee, im Rahmen von Nato-Operationen manchmal auch auf dem Mittelmeer. Auf die Weltreise, mit der man mich ja auf die Niedersachsen gelockt hatte, musste ich noch ein Weilchen warten. 1984 sind wir schließlich zu einer AAG (Ausbildungsfahrt Außerheimische Gewässer) in den Indischen Ozean gefahren. Für mich war das großartig: Ich kannte nun das Schiff, war mit ihm quasi verwachsen, die Mannschaft habe ich wie eine Familie empfunden und nun konnten wir gemeinsam fremde Häfen und weit entfernte Weltgegenden kennenlernen. Wir waren unter anderem in Malaysia, Indonesien, Indien und Sri Lanka. Ich war damals überhaupt zum ersten Mal so weit von zu Hause entfernt. Überall wurden wir freundlich empfangen und natürlich waren wir stolz auf die Niedersachsen, die zu den modernsten Schiffen der Bundesmarine gehörte. Als wichtig empfand ich aber vor allem den Teamgeist, der wirklich gelebt wurde. Auf See waren wir zwangsläufig den ganzen Tag zusammen, wir sind aber auch gern gemeinsam an Land gegangen – immer mit einem besonderen Gefühl der Zusammengehörigkeit.

Das erste Schiff ist und bleibt immer etwas Besonderes und fünf Jahre sind auch eine lange Zeit. Deshalb gehört die Niedersachsen zu den Schiffen, zu denen ich bis heute eine besondere emotionale Verbindung habe. Auf die Niedersachsen bin ich als Landei gekommen und ich habe sie als Seemann wieder verlassen. Gefährliche Situationen habe ich an Bord nicht erlebt, trotzdem war uns klar, dass wir uns nicht zufällig auf einem Kriegsschiff befanden. Wir hatten einen klaren Verteidigungsauftrag, aber weit und breit keinen Feind. Es war Kalter Krieg und die Bedrohung blieb damit abstrakt. Auf der Fregatte Augsburg (von 1995 bis 2004) habe ich später auch brenzlige Situationen erlebt, aber das ist eine andere Geschichte.

Ersttagsblatt
Limitierte Auflage
250 Stück
187
INDIENSTSTELLUNG
IN WILHELMSHAVEN AM
15. OKTOBER 1982
FREGATTE »NIEDERSACHSEN«
TAG DER BRIEFMARKE 1976
SALVA GUARDIA
10
BUNDESPOST
WILHELMSHAVEN
15.10.82-18
F 122
INDIENSTSTELLUNG
FREGATTE „NIEDERSACHSEN"
2940
F208

▲ Der Stapellauf der NIEDERSACHSEN am 9. Juni 1980 auf der Bremer Vulkan-Werft

◀ Auf 250 Stück limitiert: Der Ersttagsbrief von der Indienststellung der NIEDERSACHSEN, bei der der Deutschen Bundespost ein kurioser Fehler unterlaufen ist: Die Kutteraussetzungsvorrichtung ist auf der Abbildung auf der Backbordseite, in Wahrheit befand sie sich jedoch auf der Steuerbordseite.

Schiff	NIEDERSACHSEN
Einheit	AG Weser
Bauwerft	Bremer Vulkan
Stapellauf	09. 06. 1980
Taufpatin	Frau Dr. Heidi Adele Albrecht
Taufspruch	*„Gottes sind die Wogen und der Wind – aber Segel und Steuer, dass den Hafen ihr find't – sind euer.“*
Indienststellung	15. 10. 1982
Außerdienststellung	26. 06. 2015

RHEINLAND-PFALZ
RheinlandPfalz
Wir machen's einfach
F 209

HEINRICH GROSSHEIM AUF DER FREGATTE RHEINLAND-PFALZ

Dass ich zur See fahren würde, war eigentlich schon immer klar. Ich stamme aus einer Seefahrerfamilie und habe Teile meiner Kindheit an Bord verschiedener Handelsschiffe verbracht. In den 1980er-Jahren wurde die Situation der deutschen Handelsschifffahrt jedoch immer schwieriger. Deshalb entschied ich mich nach der Schulzeit 1990 für die Deutsche Marine, wo ich mich direkt als Soldat auf Zeit verpflichtete. 1991 ging ich als Unteroffizieranwärter nach einer dreimonatigen Grundausbildung zum 6. Minensuchgeschwader Wilhelmshaven und von dort aus gleich zu einem Einsatz im Persischen Golf. Nachdem ich den Unteroffizierlehrgang abgeschlossen hatte, kam ich im Sommer 1992 als Navigationsunteroffizier auf die Fregatte RHEINLAND-PFALZ, mit der mich bis heute eine besondere Geschichte verbindet.

Natürlich war das gegenüber dem Minensucher eine Umstellung, aber die Fregattenklasse 122 galt damals als recht modern und das Leben an Bord gefiel mir von Anfang an gut. Dass es damals im Vergleich zu heute eine wesentlich engere Gemeinschaft an Bord gab, lag auch an den äußeren Umständen. Wir wohnten praktisch an Bord und waren somit länger zusammen. Zudem hatten wir bei den größeren Manövern auch zu ausländischen Kameraden viel mehr Kontakte und erlebten etwas, was man wohl heute als Teambuilding bezeichnen würde. Vor allem gab es noch keine Handys, keine sozialen Medien und kein Internet. Wer damals an Bord ging, war wirklich weit weg von zu Hause und schwer erreichbar. Er konnte – und musste – nicht jeden Abend in der Heimat anrufen, um vielleicht einen Partner oder Angehörigen zu beruhigen. Dafür gab es eine Videokiste und Bücher. Und wenn wir einen Auslandshafen anliefen, freuten wir uns über den Postsack mit den lang ersehnten Briefen von zu Hause. Manchmal gab es auch traurige Nachrichten. So erhielt ich 1994 in der Karibik einen Brief mit der Nachricht vom Tod meines Großvaters. Als ich es las, war er längst beerdigt. Ein kurzfristiger Heimatbesuch wäre ohnehin kaum möglich gewesen.

▲ Heinrich Großheim war als Offizier bis zur Außerdienststellung der Fregatte RHEINLAND-PFALZ im Jahr 2013 an Bord.

◀ 2. August 2009: Nach einem siebenmonatigen Einsatz an der EU-geführten Operation „Atalanta" kehrt die RHEINLAND-PFALZ nach Wilhelmshaven zurück. Die Besatzung ist zur Passieraufstellung (Front) an Oberdeck angetreten.

▲ **Die Rheinland-Pfalz am 16. April 2008 beim Anlegen an der Ostmole im Marinestützpunkt Wilhelmshaven**

▸▸ **Kein alltägliches Bild: Als die MS Deutschland der Reederei Deilmann-Kreuzfahrten im März 2009 den Golf von Aden befuhr, wurde sie im Rahmen der Anti-Piraten-Operation „Atalanta" von der Fregatte Rheinland-Pfalz begleitet.**

Nach weiteren Verwendungen an Bord anderer Einheiten und dem Abschluss der entsprechenden Ausbildung kehrte ich im Sommer 2001 auf die Fregatte Rheinland-Pfalz zurück, diesmal als Offizier. Zunächst in der Verwendung als Waffenleitoffizier und später dann als Navigationsoffizier. Da ich die Rheinland-Pfalz kannte, war es wie eine Rückkehr nach Hause. Obwohl Besatzungsangehörige zum großen Teil gewechselt hatten, kannte ich doch noch einige Kameraden von früher. Trotzdem hatte sich für mich natürlich einiges geändert: Ich wohnte nun nicht mehr achtern in einer Sechs-Mann-Kammer, sondern teilte mir eine Zwei-Mann-Kammer im Hauptdeck.

In den folgenden Jahren nahmen wir an zahlreichen Einsätzen teil, wobei mir die Operation „Atalanta" zur Piratenbekämpfung am Horn von Afrika besonders in Erinnerung geblieben ist. Wir waren damals das erste deutsche Marineschiff, das Menschen, die der Pira-

terie verdächtig waren, in Gewahrsam genommen hat. Das war auch in rechtlicher Hinsicht Neuland. Als wir die ersten Verdächtigen samt ihren Waffen und ihrem Skiff-Boot an Bord genommen hatten, war zunächst überhaupt nicht klar, was mit ihnen weiter geschehen sollte. Es bedurfte erst einer politischen Abstimmung in Berlin, an der das Auswärtige Amt, das Innenministerium, das Verteidigungs- und das Justizministerium beteiligt waren. Als Resultat erfolgte eine Vereinbarung mit Kenia, wonach der kenianische High Court die weitere Strafverfolgung übernehmen würde.

Daraufhin nahmen wir Kurs auf Mombasa und lieferten die Verdächtigen bei den dortigen Behörden ab. Noch während wir im Hafen lagen, begann der Prozess, an dem ich wie auch weitere Kameraden als Zeuge der Anklage teilnahm. Auch später sind wir noch mehrfach zur Gerichtsverhandlung nach Mombasa geflogen.

Schiff	Rheinland-Pfalz
Einheit	F 209
Bauwerft	Blohm + Voss
Stapellauf	03. 09. 1980
Taufpatin	Frau Hedwig Meyer
Indienststellung	09. 05. 1983
Außerdienststellung	22. 03. 2013

◄ **In der Eckernförder Bucht startet der Bordhubschrauber Sea Lynx Mk 88A von der Fregatte Rheinland-Pfalz, während im Hintergrund die Korvetten Braunschweig (F 260) und Oldenburg (F 263) zu sehen sind.**

▲ **Ein Hubschrauber des Typs Sea Lynx Mk 88A landet auf dem Flugdeck der Rheinland-Pfalz. Die Hubschrauber unterstützten die Fregatte vor der Küste Somalias bei der Anti-Piraten-Mission.**

Einige der Somalis, deren Zahl sich nach einer zweiten Aktion auf 16 erhöht hatte und die in meinen Augen keineswegs friedliche Fischer waren, sind zu fünf Jahren Haft verurteilt worden, andere kamen allerdings aus formaljuristischen Gründen wieder frei.

Unvergessen ist auch die Nacht von 8. auf den 9. Oktober 2010, als wir gegen 1.30 Uhr eine Alarmmeldung von der Ostseefähre Lisco Gloria erhielten, die sich auf dem Weg von Kiel ins litauische Klaipėda befand und auf der etwa elf Kilometer nördlich von Fehmarn ein Feuer ausgebrochen war. Unsere Bordärztin Dr. Elisabeth Brunn wurde mit einem Hubschrauber zu der havarierten Fähre entsandt, wo sie sich als eine der Ersten um die Verletzten kümmerte. Das Marinekommando entschied, dass wir mit unserem Schiff in Kiel bleiben und dort die Versorgung der 249 Geretteten vorbereiten sollten, die gegen sechs Uhr morgens von der Fähre Deutschland in den Marinehafen gebracht wurden.

Ebenfalls einprägend war ein Jahr später während des libyschen Bürgerkriegs eine Evakuierungsaktion im Rahmen der Operation „Pegasus" sowie der nachfolgenden Operation „HumHi TUN" (Humanitäre Hilfe Tunesien). Bei letzterer erhielten wir den Auftrag, rund 450 ägyptische Gastarbeiter nach Alexandria zu bringen. Als wir sie im tunesischen Ghannouch an Bord nahmen, hatten sie lange nichts zu sich genommen, jedoch waren sie uns gegenüber so misstrauisch, dass sie die angebotene Verpflegung nicht annehmen wollten. Daraufhin ging ich gemeinsam mit dem deutschen Militärattaché zu dem nach unserer Ansicht ältesten Ägypter und lud ihn ein, etwas mit uns zu essen. Aus Gründen der dortigen Höflichkeitsregeln konnte er nicht ablehnen und aß mit uns. Da er aufgrund seines Alters unter seinen Landsleuten als Autorität und Vorbild galt, nahmen daraufhin bald auch alle anderen Ägypter die bereitgestellte Verpflegung an.

Als uns dann 2012 an Bord die Nachricht erreichte, dass die Rheinland-Pfalz außer Dienst gestellt werden sollte, war das ein Schock. Kein Wunder, denn wenn man so lange auf einem Schiff fährt, empfindet man es als Heimat. Auch in unserem Partnerland, dessen Ministerpräsident Kurt Beck eine besonders freundschaftliche Beziehung zu uns unterhielt und häufiger durchaus von „meinem Schiff“ sprach, war man traurig und schockiert. Nun galt es, sich erst einmal über alles, was bei einer Außerdienststellung zu bedenken und zu erledigen war sowie was mit der Besatzung dann passiert, zu informieren. Ich erinnere mich noch gut daran, wie ich am Morgen des 1. Oktober 2013 nach Abwicklung auch des Restkommandos mit Abschlussakte und dem symbolischen Schiffsschlüssel zum Stabsoffizier der Abteilung 3 des 4. Fregattengeschwaders gegangen bin und beides – mit der Bemerkung „Bitteschön, erledigt“ – auf den Tisch gelegt habe.

Bis heute denke ich mit sehr positiven Gefühlen an die alte Rheinland-Pfalz, die für mich und viele Kameraden lange Heimat war. Später freute es mich, als Teil der Erstbesatzung der neuen Fregatte gleichen Namens etwas vom besonderen Spirit ihrer Vorgängerin vermitteln und übergeben zu können. Dabei ist zu bemerken, dass die Beziehung zwischen dem Bundesland und dem neuen Patenschiff – sicherlich auch wegen der entsprechenden Protagonisten – ebenso freundschaftlich und eng ist, wie ich es mit der alten Rheinland-Pfalz viele Jahre lang erleben durfte.

▲ März 2009: Nachdem die Rheinland-Pfalz von dem Frachter MV Courier der deutschen Reederei Gebrüder Winter um Hilfe gerufen worden war, verhinderte sie dessen Kaperung durch Piraten. Sie führte ein Boarding auf dem Piratenboot durch, sicherte Beweismittel und nahm neun mutmaßliche Piraten in Gewahrsam.

▶ 2. März 2006: Von der Fregatte Rheinland-Pfalz wird das radargestützte Flugabwehrsystem Sea Sparrow gestartet.

Ersttagsblatt
Limitierte Auflage
250 Stück
0112
F209
IN WILHELMSHAVEN
INDIENSTSTELLUNG
AM 9. MAI 1983
FREGATTE RHEINLAND - PFALZ
WILHELMSHAVEN 1
-9.-5.83-18
Indienststellung
Fregatte
»Rheinland - Pfalz«
2940
ZWANZIG JAHRE
Grundgesetz
Verfassung
BUNDESREPUBLIK
DEUTSCHLAND

▲ Kurz vor dem großen Moment:
Am 3. September 1980 ist alles für die Taufe der RHEINLAND-PFALZ bereit.

▲▶ Frisch getauft ins offene Wasser:
die Fregatte RHEINLAND-PFALZ beim Stapellauf

◀ Heute ein begehrtes Sammlerstück:
das Ersttagsblatt zur Indienststellung der RHEINLAND-PFALZ

▲ Die folgende Bildstrecke zeigt verschiedene Schießübungen auf den Fregatten der Klasse 122. Auf diesem Foto übt die Bordwaffengruppe der Fregatte Augsburg mit dem schweren Maschinengewehr.

▶ Flugkörperschießen mit Nato-Flugkörper Sea Sparrow auf ein selbstgebasteltes Ziel in der Biskaya

◀ Düppel-Munition (englisch „chaff“, Täuschkörper) wird verschossen.

▲ Abfeuern der „Donnerbüchse“ (Gefechtsfeldbeleuchtung)

▶ Nachtschießen mit leichten Rohrwaffen und Leuchtspurmunition auf die Gefechtsfeldbeleuchtung

F 210

GERD SIEGEL AUF DER FREGATTE EMDEN

Bevor ich zum Fregattengeschwader kommandiert wurde, war ich im Rahmen einer Auslandsverwendung bei der Nato in Belgien gewesen. Es begann zunächst mit einem dreimonatigen Einsatz auf der Fregatte BREMEN, bei dem ich diesen neuen Fregattentyp schon etwas kennenlernen konnte. Da stand schon fest, dass ich auf der EMDEN als Rechnungsführer eingesetzt werden sollte. Am 1. Oktober 1982 kam ich nach Bremen zum Stab und am 1. Januar 1983 wurde ich Mitglied der Erstbesatzung der EMDEN, die noch in der Erprobungsphase stand und erst am 7. Oktober 1983 in Dienst gestellt wurde.

Ich konnte also auf der BREMEN schon drei Monate lang ein bisschen „üben“ und wusste daher, was auf mich auf der neuen Fregatte als Oberbootsmann zukommen würde. Der Name EMDEN war mir vertraut, da ich zwei Jahre lang auf der Fregatte EMDEN IV gefahren bin. Aber die neue EMDEN war schon eine andere Hausnummer, allein hinsichtlich der Größe. Auf dem Vorgängerschiff war alles sehr beengt gewesen, nun gab es auf einmal nicht nur viel mehr Platz, sondern natürlich war auch alles viel moderner. Ich war damals 34 Jahre alt. Für „Altgediente“ wie mich war das Schiff am Anfang gewöhnungsbedürftig, manchmal haben wir uns sogar nach dem alten Eisenschiff zurückgesehnt.

Als Rechnungsführer hatte ich mit ziemlich viel Geld zu tun. Ich musste den Wehrsold an die Wehrpflichtigen an Bord und an die gesamte Besatzung die diversen Zulagen und Vergütungen auszahlen. Einen Computer hatte ich zunächst nicht, dafür eine Rechenmaschine, die mit einer Handkurbel betrieben wurde, ehe ich ein elektrisches Gerät bekam – aus heutiger Sicht unvorstellbar. Bevor der Proviantmeister in den Häfen einkaufen ging, stellte ich ihm das nötige Geld zur Verfügung. Das galt auch für den Einkauf von Waren für die Kantine. Andererseits kassierte ich von den Zeit- und Berufssoldaten das Verpflegungsgeld. Während die meisten Zahlungen bar abgewickelt wurden, erhielten die Zeit- und Berufssoldaten auch mit

▲ Gerd Siegel kam am 1. Oktober 1983 als Mitglied der Erstbesatzung auf die Fregatte EMDEN.

◀ Die EMDEN am 1. Mai 2005 im Atlantik beim Einsatz- und Ausbildungsverband (EAV)

▲ Die **Emden** im Jahr 2008 im Einsatz bei der Operation „Enduring Freedom"

▶ Dieses Foto zeigt die **Emden** bei einer Ausbildungsfahrt.

den heute nicht mehr üblichen Euroschecks Bargeld in D-Mark oder Dollar von mir. Obwohl ich mit sehr viel Geld zu tun bekam, gab es an Bord keinen Safe, sondern nur einen sogenannten Würfel. Dabei handelte es sich um einen schlichten Stahlschrank, der sich nur mit einem ganz einfachen Schloss sichern ließ. Aber schließlich waren wir auf einem Kriegsschiff, wo man kaum mit einem Einbruch rechnen musste. Wenn wir zwei bis vier Monate auf See waren, musste ich meistens eine halbe bis eine Million D-Mark und 100.000 bis 200.000 US-Dollar in der Kreissparkasse Wilhelmshaven abholen und mit an Bord nehmen. Zu den „Einnahmen" gehörten auch die Disziplinarbußen, die gelegentlich von Kameraden zu zahlen waren. Das betraf übrigens alle Dienstgrade. In solchen, allerdings nicht sehr häufigen Fällen wurde ich vom Kommandanten zum Stillschweigen vergattert. Der entsprechende Kamerad kam dann diskret zu mir und bezahlte seine Disziplinarbuße stets unter vier Augen.

An Bord der Emden teilte ich mir eine Zwei-Mann-Kammer mit dem Proviantmeister, mit dem ich mich von Anfang an gut verstanden habe. Mitunter teilten wir uns unsere Kammer auch mit den

Hubschrauberpiloten und -technikern, die allerdings im Heimathafen immer von Bord gingen. Zeitweise war ich auch für die Kammerbelegung zuständig und habe in meinen Planungen dann immer das jeweilige Alter sowie persönliche Wünsche zu berücksichtigen versucht. Außerdem war ich mehrfach zum „Messepräsidenten" gewählt worden, musste also die praktischen Belange unserer Messe organisieren und kontrollieren. Bei bestimmten Vorfällen ist man in dieser Funktion auch der erste Ansprechpartner für den Kommandanten, den man ins Bild setzt, bevor dieser dann konkret eingreift. Das war eine anspruchsvolle Aufgabe, die ich aber gern gemacht habe, obwohl das manchmal auch schwierig werden konnte, weil man sich auch beim Kommandanten nicht immer beliebt machte.

Im Mai 1987 ließ ich mich für sieben Jahre von der Marine beurlauben, um nach München zum Eurofighter-Programm zu gehen. Der Abschied von der EMDEN fiel mir nicht leicht, da ich die Zeit an Bord als überwiegend angenehm und schön empfunden habe. Vor allem die Kameradschaft war wirklich großartig, allerdings wäre ich aus familiären Gründen ohnehin von Bord gegangen, denn unser erster Sohn war gerade geboren worden.

Schiff	Emden
Einheit	F 210
Bauwerft	Nordseewerke
Stapellauf	17. 12. 1980
Taufpatin	Frau Elfriede Klingenborg
Indienststellung	07. 10. 1983
Außerdienststellung	29. 11. 2013

◀ **Am 18. April 2008 trifft der Einsatz- und Ausbildungsverband im Golf von Aden die EMDEN. Beim Seeversorgungsmanöver (RAS, Replenishment at Sea) übernehmen die Fregatten HAMBURG (Klasse 124) und EMDEN parallel Kraftstoff vom Einsatzgruppenversorger BERLIN. Im Hintergrund fährt die Fregatte KÖLN.**

Damals herrschte Kalter Krieg und als Soldat war mir schon klar, was unter Umständen daraus hätte werden können. Das macht man sich nicht unbedingt täglich bewusst, aber man hat es letztlich immer im Hinterkopf. Was Krieg wirklich bedeutet, habe ich später in anderer Funktion während des Bosnien-Einsatzes in Mostar miterlebt. Während meiner Zeit auf der EMDEN sind wir glücklicherweise nie in eine gefährliche Konfliktsituation geraten. Allerdings gerieten wir einmal bei den Orkney- und den Shetland-Inseln in einen schlimmen Sturm. Von einem britischen Flugzeugträger waren tragischerweise zwei Mann über Bord gegangen. Die EMDEN, eine französische Fregatte und mehrere britische Schiffe haben diese Kameraden bei extrem hohem Seegang gesucht, aber leider nicht gefunden. In diesem Sturm habe ich erlebt, was ein Schiff tatsächlich aushalten muss. Als wir später nach Edinburgh, den nächstgelegenen Hafen, einliefen, sahen wir ziemlich gerupft aus. Es gab keine Reling mehr, einige Niedergänge hatte es weggerissen, die Schutzhüllen der Raketen waren verloren gegangen. Das war eine gefährliche Situation, fern von jeder Routine, in der sich die EMDEN und ihre Mannschaft aber hervorragend bewährt haben. So etwas habe ich in zehn Jahren Seefahrt sonst nie erlebt. Hinterher waren wir schon stolz auf das Schiff und die Kameraden. Man könnte sagen, wir hatten eine etwas breitere Brust. Trotzdem hätte keiner so etwas noch einmal erleben mögen.

Der traurigste Einsatz, an dem ich beteiligt war, ereignete sich am 28. Januar 1986, als die amerikanische Raumfähre Challenger unmittelbar nach dem Start explodiert und zerbrochen war. Wir waren zu dieser Zeit vor der Ostküste Floridas unterwegs und haben uns neben vielen anderen Schiffen an der Suche nach den Wrackteilen beteiligt. Mit unserem Sonar konnten wir tatsächlich einige Trümmerteile orten und den Amerikanern melden.

Das hat uns erschüttert, denn natürlich wussten wir, dass bei dieser Tragödie alle sieben Astronauten, zwei Frauen und fünf Männer, ums Leben gekommen waren.

▲ Am 17. Juli 2009 kehrte die EMDEN nach 166 Tagen Abwesenheit wieder nach Wilhelmshaven zurück. Sie hatte an der Standing Nato Maritime Group 1 (SNMG 1) und der EU-geführten Operation „Atalanta“ teilgenommen. Das Marinemusikkorps Ostsee begrüßte die Seefahrer.

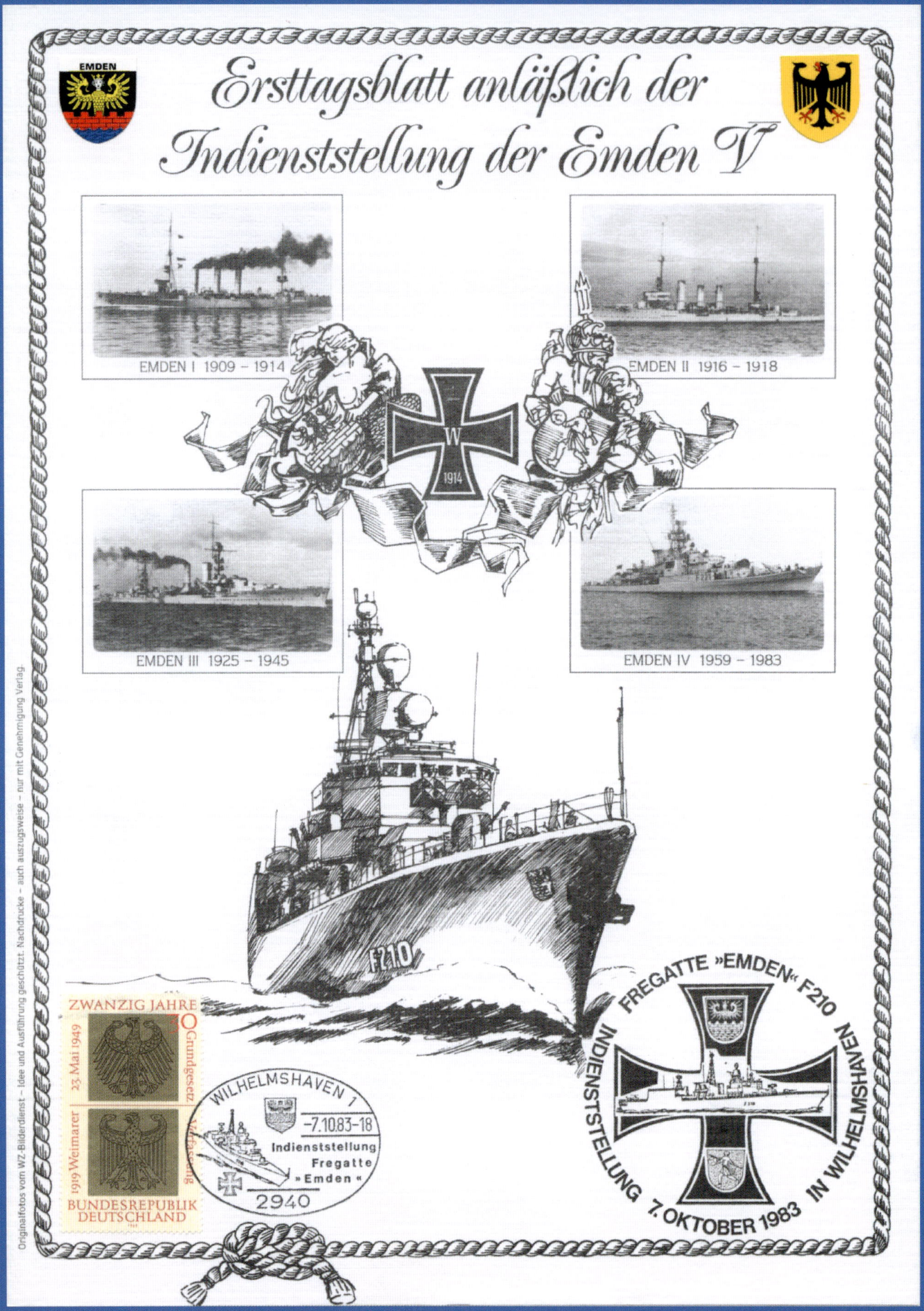
EMDEN
Ersttagsblatt anläßlich der
Indienststellung der Emden V
EMDEN I 1909 – 1914
EMDEN II 1916 – 1918
W
1914
EMDEN III 1925 – 1945
EMDEN IV 1959 – 1983
F210
ZWANZIG JAHRE
30
23. Mai 1949
Grundgesetz
1919 Weimarer
BUNDESREPUBLIK
DEUTSCHLAND
WILHELMSHAVEN 1
-7.10.83-18
Indienststellung
Fregatte
»Emden«
2940
FREGATTE »EMDEN« F210
INDIENSTSTELLUNG 7. OKTOBER 1983 IN WILHELMSHAVEN
Originalfotos vom WZ-Bilderdienst – Idee und Ausführung geschützt. Nachdrucke – auch auszugsweise – nur mit Genehmigung Verlag.

⏶ Der Stapellauf fand am 17. Dezember 1980 in den Nordseewerken der ostfriesischen Stadt Emden, der Patenstadt der Fregatte, statt.

⏶ Die Fregatte EMDEN in den ersten Jahren ihrer Dienstzeit

◂ Auf dem Ersttagsblatt zur Indienststellung der EMDEN am 7. Oktober 1983 sind die vorherigen Marineschiffe gleichen Namens abgebildet.

BERNHARD VEITL AUF DER FREGATTE KÖLN

Meine Zeit bei der Marine begann im Oktober 1986, als ich zum 15-monatigen Grundwehrdienst, also als „W15er", eingezogen wurde. Zuerst erhielt ich im Rahmen der Grundausbildung an der Technischen Marineschule Brake eine militärische und fachtechnische Schulung als Elektrotechniker, bevor ich auf einen Tender der Klasse 401 kam. Noch im Grundwehrdienst habe ich mich für die Offizierlaufbahn entschieden und mich zunächst als Zeitsoldat, später dann als Berufsoffizier verpflichtet. Am 1. Juli 1987 wurde ich zur Ausbildung in die Offiziercrew VII/87 der Marine aufgenommen. Dazu gehörte auch ein Ausbildungsabschnitt auf der GORCH FOCK, was zu meinen prägendsten Erfahrungen innerhalb meiner Offizierausbildung zählt. Wir waren im Rahmen einer Weltumseglung von Acapulco über San Diego bis nach Hawaii an Bord des Segelschulschiffs. Kapitän zur See Immo von Schnurbein war ein herausragender Kommandant und ist für mich bis heute ein Vorbild als Menschenführer und Seemann geblieben. Nach dem Abschluss meiner Offizierausbildung bin ich 1991 zu den Schnellbooten der Klasse 148 (Tiger-Klasse) gekommen, wo ich den kompletten Werdegang absolvieren konnte – vom Zweiten über den Ersten Wachoffizier bis zum Kommandanten. Insgesamt war ich nahezu drei Jahre lang Kommandant des Schnellbootes S 60 KRANICH.

Nach einer weiteren fachlichen Ausbildung, die ein Jahr dauerte, wechselte ich 1999 zu den Fregatten und wurde auf die Fregatte KÖLN versetzt. Aufgrund meiner Erfahrung als Kommandant eines Schnellbootes wurde ich gleich Zweiter Schiffseinsatzoffizier und bald darauf – nachdem die Stelle frei geworden war – für insgesamt etwa drei Jahre Erster Schiffseinsatzoffizier. Die Marine ist für mich wie eine Münze mit zwei Seiten: Die eine Seite ist die Bootswelt mit kleinen und überschaubaren Einheiten, in der ich mich hervorragend auskannte. Mein Boot war nur 47 Meter lang, sieben Meter breit, hatte 2,40 Meter Tiefgang und 30 Mann Besatzung. Die andere

▲ **Bernhard Veitl wurde 1999 als Zweiter Schiffseinsatzoffizier auf die Fregatte KÖLN versetzt.**

◀ **Die KÖLN im Einsatz bei schwerer See**

▲ **Die Köln beim Anlauf zu einem Seeversorgungsmanöver**

▲▶ **Die Köln nach Modernisierung mit neuem Weitbereichsradar TRS-3D/32**

Seite der Münze ist die Schiffswelt, die mir zunächst fremd war, mich aber sofort begeisterte. Ich war fasziniert davon, was ein solches Schiff alles leisten kann und wie seine sechs Hauptabschnitte, inklusive der eingeschifften Hubschrauber, dabei zusammenwirken. Allerdings musste ich mich erst einmal zurechtfinden und dabei auch lernen und verinnerlichen, dass ich nicht mehr – wie zuvor auf meinem Boot – für alles selbst verantwortlich war. Für viele Aufgaben, die ich früher eigenverantwortlich zu erledigen hatte, gab es hier eigene Fachleute, was ich am Anfang gewöhnungsbedürftig fand. Ich musste zum Beispiel lernen, dass ich nicht mehr alle Fernschreiben lesen durfte und musste, sondern nur noch die, die für den Operationsdienst von Belang waren. Andererseits hat mir die Schnellbooterfahrung bis zu meiner Kommandantenzeit auf der Fregatte Augsburg auch geholfen, da ich wirklich alle, auch die administrativen Bereiche eines Kriegsschiffes kannte und deren jeweilige Aufgaben und Probleme gut einschätzen konnte.

Während wir mit den Schnellbooten meistens im Verband gefahren sind, machte ich auf der Köln nun die Erfahrung, dass eine Fregatte allein und auf sich selbst gestellt operieren kann,

wenn sie nicht gerade in Manövern gemeinsam mit anderen Schiffen trainiert wird.

Mit der Kranich waren wir meistens im Bereich von Ost- und Nordsee unterwegs gewesen, meine erste große Fahrt mit der Köln zur Einzelausbildung des Schiffes ging gleich nach Porto und Málaga, was mich schwer beeindruckt hat. Faszinierend war vor allem die Zusammenarbeit mit den Marinen anderer Länder, die bei einer solchen Ausbildungsfahrt möglich wird. Ich erinnere mich daran, dass wir unter anderem von französischen und spanischen Schiffen und Luftfahrzeugen unterstützt wurden, um unsere Fähigkeiten trainieren zu können. Außergewöhnlich professionell fand ich die sechswöchige Ausbildung im Rahmen des German Operation Sea Trainings (GOST), die wir im Seegebiet vor Plymouth absolvierten. Es gibt zwar einen wöchentlich wechselnden Ausbildungsverband, aber es ist primär eine Einzelschiffsausbildung, in der jedes Schiff für sich kämpft und bewertet wird. Das ist sehr anstrengend, aber auch interessant, gerade weil es so realitätsnah wirkt: Man bekämpft einen Gegner, bekommt selbst (simulierte) Treffer, hat gleichzeitig Feuer oder Lecks an Bord. Es fallen Anlagen aus, worauf man reagieren muss. In dieser

▲▲ Die KÖLN im Hafen von Roosevelt Roads, dem früheren Marinestützpunkt der United States Navy in Ceiba (Puerto Rico), mit der Fregatte NIEDERSACHSEN und dem Zerstörer MÖLDERS

▲ Flugdeck der KÖLN

▶ In See während der Übung „Destroyer Exercise“ (DESEX) 2001

F 211

Intensität war das völlig neu für mich, da bei Schnellbooten ein solcher Ausbildungsaufwand damals nicht betrieben werden konnte. In diesen sechs Wochen mit einem intensiven und wirklich hochwertigen Training erlangt man ein hohes Maß an Perfektion. Am Ende dieser anstrengenden Zeit, in der die Mannschaft zusammengeschweißt wurde, waren wir alle sehr stolz.

Auf der Fregatte Köln hatten wir gerade in den ersten Jahren viele Abwesenheits- und Seetage, im Jahr 2000 waren wir sogar 240 Tage unterwegs. Oft waren es Fahrten in interessante Gebiete, etwa in Nato- und UN-Einsatzverbänden im Mittelmeer und am Horn von Afrika, oder zu Manövern, zum Beispiel zum Flugkörperschießen in der Karibik. Wenn ich an die vier Jahre auf der Fregatte Köln denke, fällt mir zuerst die hohe Professionalität ein, die in allen Bereichen dieses Schiffes selbstverständlich war. Ebenso wichtig war die herausragende Kameradschaft, die sogar bis heute anhält. Das merke ich immer, wenn ich heute Kameraden treffe, mit denen ich damals auf der Köln gefahren bin. Als ich von der geplanten Außerdienststellung hörte, erfüllte mich dies mit einem ordentlichen Stück Wehmut. Gerade durch die langen Abwesenheitszeiten wird ein Schiff zur zweiten Heimat, und die verliert niemand gern. Auch wenn es an Bord auf so engem Raum anstrengende Zeiten und manchen Konflikt gegeben hat, war es doch insgesamt eine sehr schöne, erfüllte und intensive Zeit. Vielleicht liegt es auch daran, dass wir mit der Köln alles gemacht haben, was mit einer Fregatte möglich ist: Nato-Manöver und Einsätze wie „Enduring Freedom“, reale Seenotrettungen, Schießübungen mit Flugkörpern, Torpedos und Artillerie. Das alles hat mich beruflich vorangebracht und auf meine späteren Aufgaben als Erster Offizier der Fregatte Emden und Kommandant der Fregatte Augsburg hervorragend vorbereitet.

▲ Blick von der Backbordnock nach vorn auf die Back und den Sea-Sparrow-Starter

◆ Signaldeck mit 20-mm-Maschinenkanone

▲ Blick vom Versorgungsdeck nach vorn (Backbordseite)

▶ Flugkörperschießen mit Nato Sea Sparrow Missile (NSSM) 2001 in der Karibik

◀ Blick nach achtern auf das Versorgungsdeck der Köln mit den Zwillings-Torpedorohren an der Backbordseite

Schiff	Köln
Einheit	F 211
Bauwerft	Blohm + Voss
Stapellauf	29. 05. 1981
Taufpatin	Frau Annemarie Burger
Indienststellung	19. 10. 1984
Außerdienststellung	31. 07. 2012

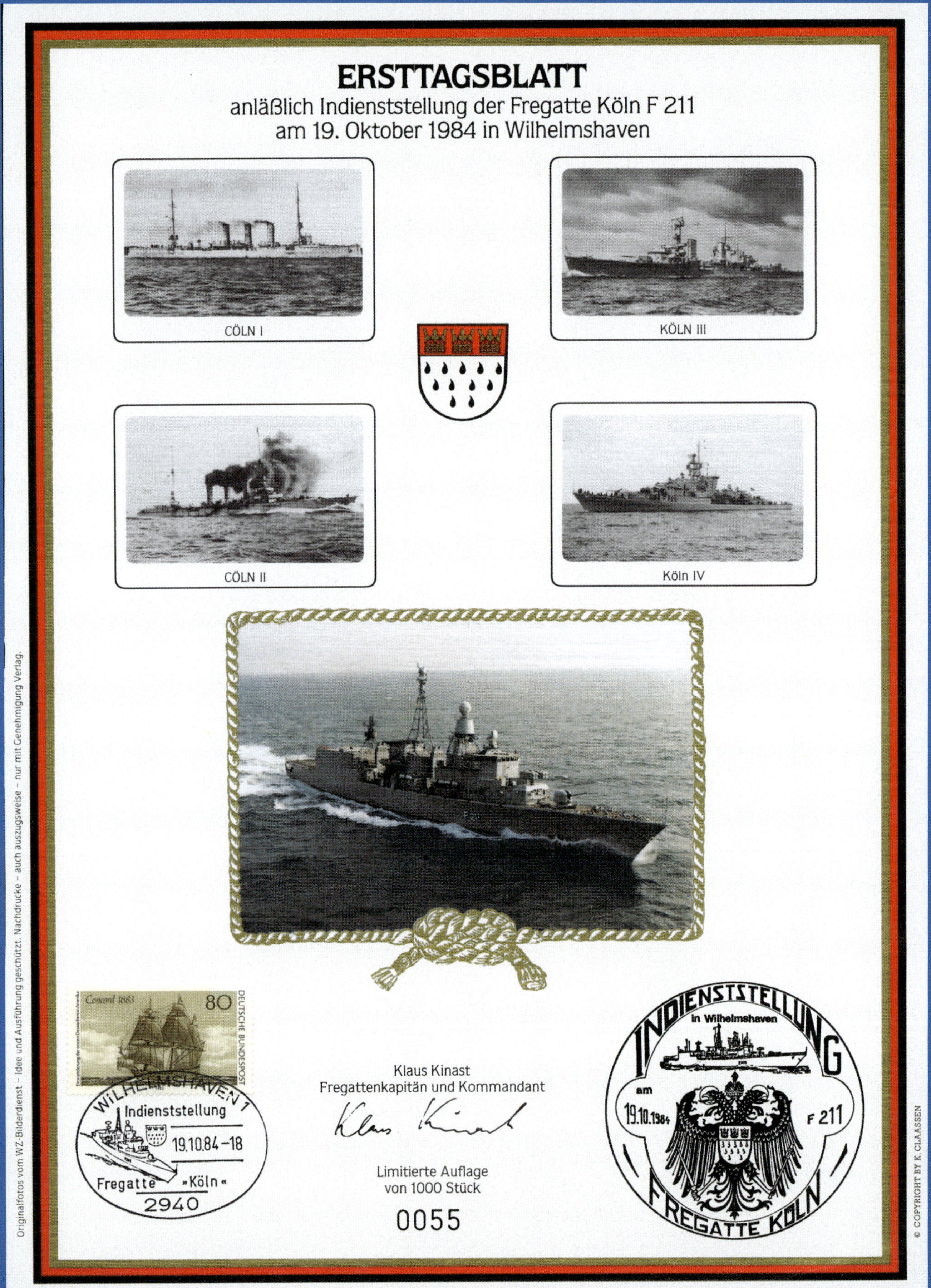

ERSTTAGSBLATT

anläßlich Indienststellung der Fregatte Köln F 211
am 19. Oktober 1984 in Wilhelmshaven

CÖLN I

KÖLN III

CÖLN II

Köln IV

Concord 1683 80 DEUTSCHE BUNDESPOST

WILHELMSHAVEN 1
Indienststellung
19.10.84-18
Fregatte »Köln«
2940

Klaus Kinast
Fregattenkapitän und Kommandant

Limitierte Auflage
von 1000 Stück

0055

INDIENSTSTELLUNG
in Wilhelmshaven
am 19.10.1984 F 211
FREGATTE KÖLN

▲ ▶ Szenen vom Stapellauf der KÖLN, der am 29. Mai 1981 bei Blohm + Voss in Hamburg stattfand

◀ Neben Bildern von früheren Schiffen gleichen Namens ziert das Kölner Stadtwappen den Ersttagsbrief der Fregatte KÖLN – als Zeichen der Verbundenheit mit der Patenstadt.

F 212

ROLF HESSELBARTH AUF DER FREGATTE KARLSRUHE

Im Sommer 1988 hatte ich meine Offizierausbildung beendet und wollte Zweiter Schiffsversorgungsoffizier werden. Eigentlich hätte ich dafür schon Leutnant sein müssen, war damals allerdings noch Fähnrich zur See. Ich hatte aber das Glück, trotz des „kleinen Dienstgrades“ als Offizieranwärter direkt auf die Fregatte Karlsruhe gehen zu können. Dass es die Karlsruhe wurde, war Zufall. Es hätte auch jede andere Fregatte werden können.

Die Karlsruhe war damals zwar schon vier Jahre im Dienst, gehörte aber noch immer zu den modernsten Schiffen der Bundesmarine. Ich fand das faszinierend und fühlte mich am Anfang ein bisschen wie auf dem Raumschiff Enterprise. Da ich vorher auf alten, Ende der 1960er-Jahre gebauten Zerstörern gefahren bin, war das für mich ein Quantensprung. Ein wenig kannte ich die Schiffsklasse schon, weil ich zuvor als Portepeeunteroffizier (Feldwebel) und Rechnungsführer auf der Fregatte Köln gefahren war. Aber als Offiziersanwärter war das dann doch etwas Besonderes. Einerseits hatte ich eine andere Führungsposition und deutlich mehr Verantwortung, andererseits waren damit auch die Rahmenbedingungen anders: Auf dem Zerstörer schlief ich während der Seefahrten in einem 83-Mann-Deck, was man sich heute gar nicht mehr vorstellen kann und mag. Später auf der Köln teilte ich mir eine Kammer mit vier Kameraden – und auf der Karlsruhe hatte ich nun meine eigene Kammer.

Auch das menschliche Miteinander war von vornherein großartig. Die etwas älteren Offiziere nahmen mich an die Hand, ließen mir aber auch viel Spielraum, sodass ich mich bald in das wirklich hervorragende Offizierkorps integrieren konnte. Schwer beeindruckt hat mich, dass ich von vornherein als vollwertiges Mitglied einer Offiziermesse akzeptiert wurde.

Als Zweiter Schiffsversorgungsoffizier war ich für die Rechnungsführung, für die Kombüse, die Bordkantine und die Schiffswachtmeisterei, also das Personalbüro zuständig. Der Zahlungsverkehr innerhalb

▲ Rolf Heßelbarth, der zuvor auf älteren Zerstörern gefahren war, empfand es als einen Quantensprung, als er 1988 als Offizieranwärter auf die damals hochmoderne Fregatte Karlsruhe kam.

◀ Die 1984 in Dienst gestellte Karlsruhe war das sechste Schiff der Bremen-Klasse und das fünfte deutsche Marineschiff, das nach der badischen Stadt benannt wurde.

▲ **Am 28. April 2015 bereitete sich die Besatzung der KARLSRUHE im Mittelmeer auf einen Materialtransfer vor.**

▶ **Luftbild von der Fregatte KARLSRUHE**

des Schiffs wurde mit D-Mark abgewickelt, im Ausland konnten wir meistens mit Dollar bezahlen.

Wir haben im Rahmen von Nato-Manövern mit anderen Nationen an vielen Übungen auf See teilgenommen, immer wieder an Schießübungen, haben zum Beispiel in der Karibik Flugkörper erprobt. Wir mussten den Krieg üben, konnten uns damals allerdings kaum vorstellen, dass es wirklich einmal ernst werden könnte. In den Auslandshäfen gab es auch repräsentative Verpflichtungen. Wir mussten Empfänge geben und damit als Vertreter der Bundesrepublik Deutschland auftreten. Für mich war das eine spannende Zeit, mit manchmal anstrengenden Phasen, aber immer wieder auch sehr angenehmen Momenten. Wenn wir im Hafen waren, hatten wir wirklich Spaß.

In der Zeit, in der es noch kein Internet und keine Smartphones gab, fühlte man sich weiter von zu Hause weg, als das vielleicht heute der Fall ist. Auch die Informationen aus Deutschland wie überhaupt

die Nachrichten zur allgemeinen politischen Lage waren weit weniger verfügbar als heute.

Vor diesem Hintergrund erinnere ich mich noch sehr gut, wie ich den weltpolitisch so einschneidenden November 1989 an Bord der Karlsruhe erlebt habe. Im Herbst 1989 nahmen wir in Südengland am sogenannten Basic Operational Sea Training (BOST) teil. Da wurde sechs Wochen lang Gefechtsdienst unter ziemlich realistischen Bedingungen geübt: Luftangriff, Unter-Wasser-Angriff, Leckbekämpfung, da gab es Rauchentwicklung, simulierte Sprengsätze, Erschütterungen, sodass man zeitweise wirklich das Gefühl haben konnte, sich im Gefecht, ja im Krieg zu befinden. Dazu trug auch bei, dass es sich bei den britischen Ausbildern um kampferprobte Männer handelte, die meistens am Falkland-Krieg teilgenommen hatten und genau wussten, worauf es in Extremsituationen ankommt.

Und irgendwann platzte in dieses Ernstfallszenario die Nachricht, dass die Berliner Mauer gefallen war. Es war ein schlichtes

Fernschreiben, das uns fassungslos machte. Natürlich waren wir glücklich, aber irgendwie auch ratlos. Wir proben hier Krieg so ernst und realistisch, dass wir fast selbst daran glauben, und plötzlich gibt es keinen Feind mehr. Wenn die DDR nicht mehr da ist und uns die Russen nicht mehr bedrohen, wozu sollte es dann noch eine Bundeswehr geben, wozu die Nato? So naiv habe ich damals gedacht, stand damit aber keineswegs allein. Und nicht nur ich hatte das Gefühl, jetzt am falschen Ort zu sein. Auch der Erste Offizier meinte: „Was machen wir eigentlich hier? Müssen wir jetzt nicht nach Deutschland, wenn dort gerade Geschichte geschrieben wird?" Schwierig war in dieser Situation, dass wir nur spärlich mit Informationen versorgt wurden. Trotzdem war uns allen klar, dass sich die Koordinaten gerade grundlegend veränderten. Wie genau, wussten wir nicht, aber das wusste – wie sich später zeigen sollte – niemand. Als ich 1988 an Bord der KARLSRUHE kam, gab es zwei deutsche Staaten und zwei deutsche Armeen. Als ich die KARLSRUHE 1992 wieder verließ, war Deutschland wiedervereint und die Volksarmee mit der Volksmarine ein abgeschlossenes Kapitel der Geschichte.

Parallel zu meiner Aufgabe als Zweiter Versorgungsoffizier war ich auch Verbindungsoffizier zur Stadt Karlsruhe. In dieser Funktion als Patenschaftsoffizier war ich oft in der Stadt, hatte nicht nur Begegnungen mit dem Oberbürgermeister, mit Kommunalpolitikern und Abgeordneten, sondern zum Beispiel auch mit vielen Menschen in unserem Patenschaftskinderheim. Die Kameraden an Bord haben regelmäßig Geld gesammelt und im Laufe der Jahre konnten wir die Kinder ordentlich unterstützen und sogar im Sommer für eine Woche nach Wilhelmshaven einladen. Diese Städtepatenschaft war aber für beide Seiten vorteilhaft. Manche Kameraden, die damals zu Veranstaltungen mit mir in Karlsruhe waren, haben später dort ihre berufliche Heimat gefunden. Da gab es Leute aus der Industrie, die mit meinen Kameraden, sowohl mit Wehrpflichtigen als auch Zeitsoldaten, ins Gespräch kamen, ihre Qualifikation interessant fanden und ihnen anboten, nach Ablauf der Dienstzeit in ihrer Firma einzusteigen. Umgekehrt haben wir junge Männer, denen wir in der Stadt begegneten, allein durch unsere Präsenz und die Gespräche dazu motiviert, später selbst zur Marine zu gehen.

Da man bei der Bundesmarine nach gewissen Fristen versetzt wird, ging ich im Sommer 1992 an eine Landdienststelle. In der heutigen Einsatzflottille 2 wurde ich Verbands-Schiffsversorgungsoffizier und lernte dadurch alle acht Fregatten der Klasse 122 kennen.

▲ Die KARLSRUHE schießt einen Flugkörper vom Typ Sea Sparrow ab.

◀ In schwerer See: die KARLSRUHE im Jahr 2015 als Teil des Einsatz- und Ausbildungsverbandes im Ärmelkanal

Schiff	Karlsruhe
Einheit	F 212
Bauwerft	Howaldtswerke-Deutsche Werft AG
Stapellauf	08. 01. 1982
Taufpatin	Frau Edeltrud Dullenkopf
Taufspruch	*„Das Meer wogt als Vermittler zwischen allen Ländern; es trennt zwei Welten und vereint sie beide.“*
Indienststellung	19. 04. 1984
Außerdienststellung	16. 06. 2017

F 212

▲ **Am 18. März 1994 werden im Hafen von Dschibuti die Seesäcke der Soldaten auf die Karlsruhe verladen.**

Wenn die Schiffe zur See fuhren und ein Stab an Bord war, bin ich dann auf den Fregatten jeweils für zwei oder auch drei Monate gefahren.

Aber zur Karlsruhe habe ich bis heute eine besonders enge Verbindung, auch weil ich – obwohl es für meinen Bereich eigentlich gar nicht vorgesehen war – im Jahr 2000 noch einmal für vier Jahre an Bord gehen konnte, dann in der Funktion als Erster Schiffsversorgungsoffizier. Dazu musste ich noch eine Ausbildung absolvieren, um das Schiff auch auf der Brücke als Wachoffizier führen zu können.

Obwohl zwischen meinen beiden Dienstzeiten auf der Fregatte Karlsruhe acht Jahre lagen, kam es mir nach meiner Rückkehr so vor, als wäre ich nur 14 Tage auf Urlaub gewesen. Natürlich waren ganz andere Leute an Bord, sogar schon eine andere Generation, trotzdem hatte ich das Gefühl, als würden sie mir zu verstehen geben: Schön, dass du wieder da bist.

Woran das liegt? Ich habe den Eindruck, dass das Schiff die Menschen formt. Das Ergebnis ist ein Teamgeist, der alle erfüllt, vom Matrosen bis zum Kommandanten. Das wird nicht nur auf der KARLSRUHE so sein, sondern auf vielen Schiffen, aber auf der KARLSRUHE habe ich es ganz besonders erlebt. Dort wurde ich geformt, ich konnte Menschen formen, und rückblickend muss ich sagen: Das war eine großartige Zeit, fast wie ein Traum. Unser internationales Rufzeichen lautete DRAV, daraus wurde unsere Philosophie: „Dem Ruf allzeit verpflichtet!“ Und noch eine Abkürzung prägte meine Zeit auf der Fregatte KARLSRUHE nachhaltig: FfL (Freunde fürs Leben). Diese Grußformel stand auf allen Briefen und E-Mails.

◂▴ Fregatte KARLSRUHE mit Rohrwaffensystem Goalkeeper auf dem Hangardach

◂▾ Die KARLSRUHE im Einsatz bei der Operation „Enduring Freedom“

▴ Am 28. Februar 2009 kehrte die KARLSRUHE nach sechsmonatiger Teilnahme an der EU-Anti-Piraterie-Mission „Atalanta“ in ihren Heimatstützpunkt Wilhelmshaven zurück.

Ersttagsblatt
anläßlich der Indienststellung der Fregatte F 212 »Karlsruhe V«
am 19. April 1984 in Wilhelmshaven
KARLSRUHE I 1914 – 1914
KARLSRUHE III 1929 – 1940
FIDELITAS
KARLSRUHE II 1916 – 1919
KARLSRUHE IV 1962 – 1983
F212
FREGATTE
F207 Bremen
F208 Niedersachsen
F209 Rheinland-Pfalz
F210 Emden
»KARLSRUHE« F212
INDIENSTSTELLUNG
040
Limitierte Auflage
250 Stück
WILHELMSHAVEN 1
Indienststellung
Fregatte
»Karlsruhe«
19.-4.84-18
2940
ZWANZIG JAHRE
30
Grundgesetz
23. Mai 1949
1919 Weimarer Verfassung
BUNDESREPUBLIK DEUTSCHLAND
Originalfotos vom WZ-Bilderdienst – Idee und Ausführung geschützt. Nachdrucke – auch auszugsweise – nur mit Genehmigung Verlag.

▲ Taufe und Stapellauf der Karlsruhe am 8. Januar 1982 bei den Howaldtswerken-Deutsche Werft in Kiel

◀ Das Ersttagsblatt zur Indienststellung der Karlsruhe am 19. April 1984 hatte die Deutsche Bundespost ebenfalls auf 250 Bögen limitiert.

MICHAEL SCHULZ AUF DER FREGATTE AUGSBURG

Insgesamt fast sechs Jahre, nämlich von 2000 bis 2006, bin ich auf der Fregatte AUGSBURG gefahren. Aussuchen konnte ich mir das Schiff nicht, denn am Ende des Bootsmannlehrgangs wurde das Kommando ausgelost. Dass es die AUGSBURG wurde, fand ich gut, denn die 122er-Klasse war mir schon bekannt, da ich zuvor als Unteroffizier auf der Fregatte KÖLN gefahren war. Nach Abschluss meines Bootsmannlehrgangs ging ich also im Juli 2000 als Waffenleitmeister auf die AUGSBURG. Einerseits war das auf dem vertrauten Schiffstyp ein Heimspiel, andererseits kannte ich dort niemanden, wusste also nicht, wie ich empfangen werden würde.

Obwohl ich als Obermaat mit bestandenem Lehrgang aufs Schiff kam, den Dienstgrad Bootsmann also offiziell noch nicht hatte, wurde ich super aufgenommen. Ich kann sagen, dass meine Kameraden nicht nur fachlich kompetent waren, sondern auch über soziale

◂ Am 30. August 2016 ist die Fregatte AUGSBURG im Heimathafen Wilhelmshaven auslaufbereit für den Einsatz bei der Mission „Counter Daesh“ zur Begleitung des französischen Flugzeugträgers CHARLES DE GAULLE.

▾ Im September 2016 liegt die AUGSBURG während ihres Einsatzes im Rahmen der Mission „Counter Daesh“ im Hafen der französischen Stadt Toulon.

F213
F213
AU

◂ Während der Übung „Missile Firing Exercise“ 2019 fährt die Augsburg im Schießgebiet der Schärengewässer nahe der schwedischen Stadt Sundsvall.

▴ Die Fregatte Augsburg ist auf dem Rücktransit vom Einsatz „Counter Daesh“ im westlichen Mittelmeer nach Deutschland.

◀ Auch dieses Foto zeigt die Augsburg bei der Teilnahme an der „Missile Firing Exercise“ 2019 in Schweden.

▲ Die Augsburg im September 2016 im Mittelmeer im Rahmen der Mission „Counter Daesh“

Kompetenz verfügten. Mir war schon klar, dass ich innerhalb von kurzer Zeit sehr viel würde lernen müssen. Dabei ging es vor allem um Learning by Doing, denn gleich zu Beginn nahmen wir am Manöver „Cleopatra 2000“ teil. Wir hatten 30 Seetage, fuhren insgesamt knapp 9.000 Seemeilen und lernten bei diesem Manöver das Zusammenwirken mit Schiffen anderer Marinen.

In dieser Zeit war ich erst einmal Mitläufer, begleitete erfahrene Portepeeunteroffiziere und lernte dabei, wie man als Wachleiter PUO in einer Operationszentrale zu agieren hat. Auch all das, was ich für meinen Hauptjob als Waffenleitmeister beherrschen musste, etwa das Schießen mit der 76-mm-Kanone, lernte ich durch die genaue Anleitung eines erfahrenen Waffenleitmeisters. Schon während dieser ersten Seefahrt mit der Augsburg, bei der wir auch interessante Häfen wie Lissabon und Alexandria kennenlernten, bin ich schnell in meine neue Aufgabe hineingewachsen. Der Start hätte nicht besser

Schiff	Augsburg
Einheit	F 213
Bauwerft	Bremer Vulkan
Stapellauf	17. 09. 1987
Taufpatin	Frau Siglinde Breuer
Indienststellung	03. 10. 1989
Außerdienststellung	18. 12. 2019

▲ **Die Augsburg am 8. Dezember 2018 im Rahmen der Mission EUNAVFOR MED – Operation „Sophia“ im Mittelmeer**

◀ **Am 11. Februar 2017 steht im Rahmen der Decklandequalifikation für Piloten ein Bordhubschrauber vom Typ Sea Lynx Mk 88A auf dem Flugdeck der Augsburg.**

laufen können, aber auch danach hatte ich eine gute Zeit, mit der ich viele Erinnerungen verbinde.

Unvergessen ist zum Beispiel eine Nacht im Januar 2003, als wir an der Nato-Operation „Active Endeavour“ teilnahmen, bei der es um die Abschreckung terroristischer Aktivitäten im Mittelmeerraum ging. Wir waren im Seegebiet zwischen Zypern, Libanon und Israel unterwegs. Gemeinsam mit einem Kameraden war ich in der Operationszentrale auf Seewache, als wir auf dem Radar sich rasch annähernde Speedboote entdeckten. Zeit zum Nachdenken blieb nicht, wir mussten innerhalb von Sekunden entscheiden. Wir informierten sofort die Brücke, gingen auf Gefechtsstation und machten alle Waffen scharf. Mit den Speedbooten, die wir nur schemenhaft erkennen konnten, war keine Kommunikation möglich. Allerdings drehten sie dann bei und verschwanden schnell wieder. Später wollte uns ein Navigationsoffizier zurechtweisen, der meinte, wir hätten als Portepeeunteroffiziere unsere Kompetenzen überschritten. Das sah der Kommandant, der zufällig gerade auf die Brücke kam, anders. Er sagte dem Navigationsoffizier: „Wenn der Radarmeister und der Oberbootsmann Schulz eine Gefahr melden, können sie sich darauf verlassen. Die gehören zu den besten, die wir haben.“

Wirklich dramatische Situationen erlebten wir bei der Operation „Enduring Freedom", bei der wir vor Afrika im Einsatz waren. Mehrfach begegneten wir Dhaus, die völlig mit Flüchtlingen überladen waren. Manchmal verfügten sie weder über Wasser noch über Proviant. Wir versorgten sie erst einmal mit Lebensmitteln, und wenn Seenot drohte oder die Flüchtlinge ins Wasser sprangen, nahmen wir sie an Bord. Anschließend brachten wir sie in den nächsten Hafen, wo sie von den dortigen Behörden mit einem Boot in Empfang genommen wurden. Das geschah oft in Dschibuti oder auch in Mogadischu. Dort wollten die Flüchtlinge zwar meistens nicht hin, manchmal waren sie auch von dort aufgebrochen, uns ging es aber primär darum, Menschenleben zu retten.

Ich verließ die Augsburg 2006 als Zweiter Radarmeister und ging anschließend als Radarmeister auf die Fregatte Bremen. Aus den Augen verlor ich die Augsburg aber nicht, denn ich habe auf ihr eine wirklich schöne Zeit erlebt mit Kameraden, die wie Freunde waren. Als ich von der Außerdienststellung hörte, hielt ich kurz inne und ließ die Erinnerungen Revue passieren. Ich sah mir das Schiff noch einmal an und sagte Tschüs. Dann war dieses Kapitel für mich aber auch abgehakt. Alle Schiffe werden irgendwann außer Dienst gestellt, denn die Geschichte geht weiter und man muss nach vorn blicken.

Die Augsburg wird durch einen Kommandanten aus der Nock beobachtet.

F213

▲ Um für die Bekämpfung von Piraten besser gerüstet zu sein, erhielt die AUGSBURG wie auch die anderen Fregatten der Klasse 122 Anfang der 1990er-Jahre leichte Rohrwaffen zur Bekämpfung kleinerer Seeziele.

◀ Bis zu ihrer Außerdienststellung war die AUGSBURG an zahlreichen Einsätzen beteiligt.

Ersttagsblatt

anläßlich der Indienststellung der Fregatte F 213 »Augsburg«
am 3. Oktober 1989 in Wilhelmshaven

FREGATTE
2. FREGATTEN-GESCHWADER
AUGSBURG

AUGSBURG I · 1910 – 1918

AUGSBURG II · 1962 – 1988

F213

Indienststellung Fregatte »Augsburg«
Wilhelmshaven 3. Oktober 1989

DEUTSCHE BUNDESPOST 100
40 JAHRE BUNDESREPUBLIK DEUTSCHLAND

WILHELMSHAVEN 1
-3.10.1989
2940
INDIENSTSTELLUNG FREGATTE "AUGSBURG"

Friedrich von Kalm
(Fregattenkapitän u. Kommandant)

Limitierte Auflage
von 1000 Stück

0000033

◀ ▲ **Gleich zweimal hat die Deutsche Bundespost Ersttagsblätter zur Augsburg herausgebracht.**

◀ 11. Juni 2018: Der Einsatzgruppenversorger Bonn mit den Fregatten Augsburg und Lübeck der Klasse 122, Schleswig-Holstein der Klasse 123 sowie Sachsen und Hamburg der Klasse 124 in der Deutschen Bucht

▶ Ein stimmungsvolles Bild der Fregatte Augsburg in der Abendsonne

SINA RÖSSIG AUF DER FREGATTE LÜBECK

Als ich im Januar 2020 auf die Lübeck kam, wusste ich, dass es dort nicht so modern sein würde wie auf den neueren Schiffen. Das betraf auch meinen Arbeitsplatz, den Funkraum, in dem viele Dinge noch manuell zu erledigen waren. Für mich als Zweite Funkmeisterin war das aber nicht negativ, ich habe das vielmehr als Chance gesehen, sozusagen „back to the roots" zu gehen und mir dabei die Fernmeldetechnik noch einmal von der Pike auf zu vergegenwärtigen. Auf den neueren Schiffen sind viel mehr Abläufe automatisiert, während man sie auf der Lübeck noch per Hand einstellen und sich dafür auch vom Platz wegbewegen musste.

Von den insgesamt 180 Soldaten an Bord waren in der Regel 15 bis 20, also rund zehn Prozent, Frauen. Ich selbst bin nach dem Abi im Oktober 2012 als freiwillig Wehrdienstleistende zur Bundeswehr gekommen. Dafür gab es mehrere Gründe: Einerseits hat mich das Meer schon als Kind fasziniert, als wir mit der Familie im Sommer oft nach Norderney gefahren sind. Außerdem hatte ich später Freunde, die als Wehrpflichtige bei der Marine Dienst taten und mir viel davon erzählten. Und so fand ich es interessant, selbst zur Marine zu gehen, natürlich auch um ferne Häfen anzulaufen und ein bisschen mehr von der Welt zu sehen. Deshalb meldete ich mich gleich nach dem Abitur zum Freiwilligen Wehrdienst und kam für ein halbes Jahr nach Nordholz zum Marinefliegergeschwader 3, von wo aus ich mich dann als Soldat auf Zeit beworben habe. Nachdem ich vom August 2013 an mehrere Lehrgänge an unterschiedlichen Schulen absolviert hatte, kam ich 2016 zunächst auf die Fregatte Schleswig-Holstein und vier Jahre später dann auf die Lübeck. Die Schleswig-Holstein gehört zur Brandenburg-Klasse (F 123), ist also jünger und moderner als die Lübeck, war aber in meiner Zeit leider weit weniger zuverlässig. In den vier Jahren auf der Schleswig-Holstein konnte ich keinen einzigen Einsatz fahren und viele Seefahrten fanden aus technischen Gründen nicht wie geplant statt, weil das Schiff immer wieder ausgefallen ist.

▲ **Als Sina Rössig im Januar 2020 als Zweite Funkmeisterin auf die Fregatte Lübeck kam, waren deren Tage bereits gezählt. Im Hintergrund ist die Brücke über den Großen Belt zu sehen.**

◀ **Die Lübeck 2012 in Fahrt bei der multinationalen Übung „Good Hope 5" in Südafrika**

15. Oktober 2020: Die Lübeck fährt mit angetretener Besatzung im Rahmen des Seemanövers „Vision 2020“ im Skagerrak.

September 2017: Die Lübeck unterstützt die Maritime Sicherheitsoperation „Sea Guardian“ im Mittelmeer.

Ganz anders auf der Lübeck, die zu meiner Zeit jede Seefahrt wie geplant antreten konnte und nicht ein einziges Mal ausgefallen ist. Sie hat mich also wirklich nicht enttäuscht. Das lag sicher auch daran, dass man hier – anders als bei den neueren Schiffen – viele Reparaturen und Instandsetzungen selbst ausführen konnte, ohne auf externe Firmen angewiesen zu sein.

So war ich mit diesem Schiff zweimal zu Flüchtlingseinsätzen im Ägäischen Meer, wo wir zwischen der griechischen und türkischen Küste patrouillierten. Für uns blieben die Flüchtlinge stets abstrakt, wir sahen die Boote nur auf unseren Sensoren, via Infrarot oder vom Ausguck, sie waren stets sehr weit entfernt. Wenn wir ein Boot entdeckten, meldeten wir das an die jeweilige Küstenwache weiter, die sich der Flüchtlinge dann angenommen haben. Leider fanden die beiden Einsätze unter Corona-Bedingungen statt. Wir hatten daher nicht die Möglichkeit, Auslandshäfen kennenzulernen. Wenn wir zum Beispiel Souda auf Kreta anliefen, durften wir den dortigen Militärstützpunkt nicht verlassen, was die Stimmung schon etwas getrübt hat.

Außerdem haben wir an Manövern mit der Carrier Strike Group teilgenommen, einem multifunktionellen Marineverband, an dem der französische Flugzeugträger Charles de Gaulle beteiligt war.

Das war eine Verbandsfahrt mit mehreren Schiffen verschiedener Marinen, bei der wir den Flugzeugträger über die Biskaya bis nach Cádiz begleitet haben. Dabei ging es vor allem darum, das Zusammenwirken von Schiffen mehrerer Marinen zu erproben.

Sehr gern denke ich an manche Freizeitaktivitäten zurück. Wir haben mehrfach Grillabende auf dem Flugdeck veranstaltet, und ab und an, wenn das Wetter und die Einsatzplanung es erlaubten, wurde die Lübeck gestoppt und wir konnten von Bord springen und im Mittelmeer schwimmen – eine wunderbare Erfahrung. Ich habe diese Aktivitäten immer besonders genossen, da ich ja normalerweise im Funkraum „gefangen" war und auch nicht nach draußen schauen konnte. Umso wichtiger war für mich der Sport, der zeitweise jeweils 19 Uhr auf dem Flugdeck von zwei Trainern angeboten wurde.

Teamsportarten konnten wir unter diesen Bedingungen natürlich nicht machen, dafür aber Sport mit eigenem Körpergewicht, mit Langhanteln und ähnlichen Geräten.

Dass wir als Frauen arg in der Minderheit waren, daran hatte ich mich gewöhnt. Auch daran, dass ich nicht selten die einzige Frau im Raum gewesen bin. Für mich war das nie ein Problem, ich habe mich immer wohlgefühlt. Und wenn es im Hafen, wo ja Alkohol zugelassen war, dennoch mal zu einer unangenehmen Situation gekommen

▲ ▶ Während des Einsatzes in der Ägäis 2021 gab es abends um 19 Uhr ein Sportangebot, das von externen Trainern geleitet wurde.

NAVY

▲ Stimmungsvoller Moment: Freizeit beim Einsatz in der Ägäis im Mai 2022

Helikopterübung auf der LÜBECK im November 2021

F 214

Schiff	LÜBECK
Einheit	F 214
Bauwerft	Nordseewerke
Stapellauf	15. 10. 1987
Taufpatin	Frau Rosemarie Knüppel
Indienststellung	19. 03. 1990
Außerdienststellung	15. 12. 2022

▲ Carrier Strike Group (multifunktioneller Marineverband) mit dem französischen Flugzeugträger CHARLES DE GAULLE 2020

◀ Die LÜBECK bei einem Anlauf zu einem Seeversorgungsmanöver (RAS) mit dem Einsatzgruppenversorger BONN im Jahr 2022

▲ RAS-Anläufe mit einem ausländischen Versorger im Mittelmeer

⏫ Die Lübeck liegt im „Päckchen“ längsseits Fregatte Mecklenburg-Vorpommern (Klasse 123) im norwegischen Harstad.

▶ Transit ins Mittelmeer 2022

F214

wäre, hätte ich mich hundertprozentig darauf verlassen können, dass es genügend Kameraden gegeben hätte, die rechtzeitig eingeschritten wären.

Stärker als auf anderen Schiffen, auf denen ich gefahren bin, gab es auf der Lübeck ein Wir-Gefühl. Man setzte sich für sein Schiff ein, wusste, was man daran hatte, und fühlte sich verantwortlich. Jetzt erlebe ich gerade die Endphase der Lübeck mit, habe aber so viel Arbeit, dass noch gar keine Wehmut aufkommen kann. Wehmütig werde ich wahrscheinlich erst, wenn ich die Stelling herunterlaufe und noch einmal kurz alles Revue passieren lasse. So viel kann ich aber schon sagen: Die Lübeck hat mich sehr stark geprägt, wobei das sicher weniger am Schiff selbst lag, sondern vor allem an der guten Gemeinschaft mit den Menschen an Bord.

▲ **Schneebedeckte Berge voraus. Die Lübeck vor Kreta Ende Januar 2022**

◀ **Die Lübeck läuft am 21. September 2021 mit Schlepperhilfe in den Heimathafen Wilhelmshaven ein.**

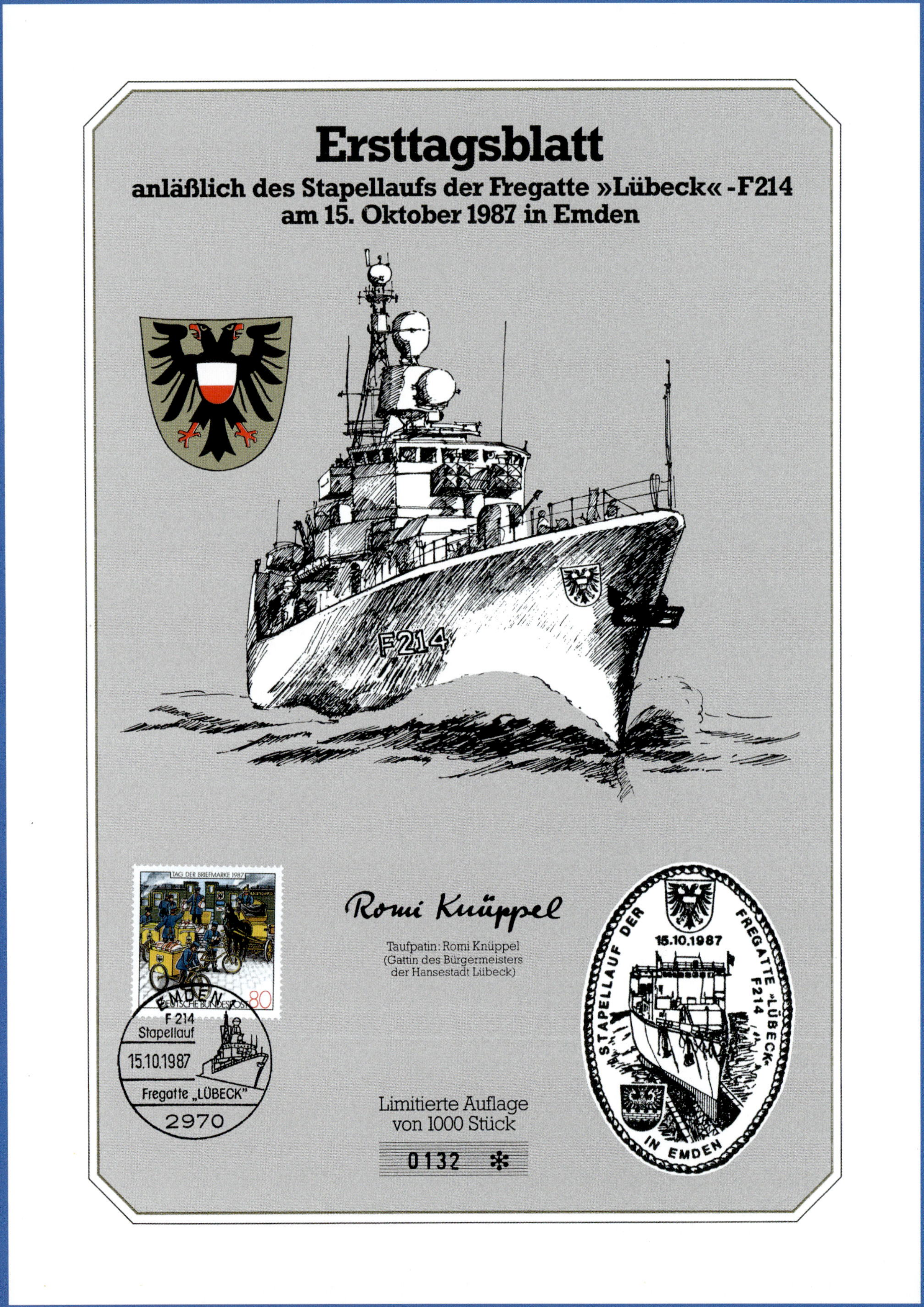

Ersttagsblatt

anläßlich des Stapellaufs der Fregatte »Lübeck« -F214 am 15. Oktober 1987 in Emden

Romi Knüppel

Taufpatin: Romi Knüppel
(Gattin des Bürgermeisters
der Hansestadt Lübeck)

Limitierte Auflage
von 1000 Stück

0132 *

◀ Das Ersttagsblatt anlässlich des Stapellaufs der LÜBECK ist das letzte, das die Deutsche Bundespost einer Fregatte der Klasse 122 gewidmet hat.

▲ Sina Rössig mit Kamera an Bord der LÜBECK bei der Passage von Santorin im Jahr 2022. Die Zweite Funkmeisterin ist eine leidenschaftliche Fotografin. Einige ihrer besten Aufnahmen sind in diesem Kapitel zu sehen.

▲ Portepeeunteroffiziere der LÜBECK beim Besatzungsgrillen

▶ Frühmorgendlicher Dienstbeginn in Wilhelmshaven

▶▶ Fahrt der LÜBECK durch die norwegischen Fjorde 2020 während des Manövers „Andoya“ (Flugkörperschießen zur Erprobung)

DANKSAGUNG

Die Anregung zu diesem Buch verdankt der Verlag Kapitän zur See a. D. Holger Schlüter und Kapitän zur See Dirk Jacobus, Kommandeur 4. Fregattengeschwader der Einsatzflottille 2.

Ohne die großzügige und engagierte Unterstützung von Kapitänleutnant Gerald Besuden vom Marineunterstützungskommando und Stabsbootsmann Rudi Haardt vom 4. Fregattengeschwader der Einsatzflottille 2 hätte dieses Buch nicht entstehen können. Mein besonderer Dank gilt auch Konteradmiral a. D. Gottfried Hoch und Kapitän zur See Michael Giss vom Landeskommando Hamburg, die mir für Fragen zur Verfügung standen, das Manuskript kritisch gegenlasen und mir mancherlei Hinweise und Anregungen gaben. Mit großem Engagement hat Frau Yvonne Albert von der Mediendatenbank der Bundeswehr die Bildrecherche unterstützt. Wie immer konnte ich auf die Kompetenz meiner seit vielen Jahren bewährten Lektorin Annette Krüger zählen, ebenso wie auf den Gestalter Fred Münzmaier und das Team des Maximilian Verlags.

Und natürlich war ich froh über die vielfältige Unterstützung zahlreicher heutiger und ehemaliger Angehöriger der Marine, die Fragen beantwortet, Bilder bereitgestellt und mir als Interviewpartner zur Verfügung gestanden haben. Ihnen gilt mein Dank, denn sie alle haben zum Gelingen dieses Buches beigetragen.

Matthias Gretzschel
Hamburg, im Herbst 2022

DER AUTOR

Matthias Gretzschel, Jahrgang 1957, wuchs in Dresden auf und absolvierte dort eine Buchhändlerlehre. Nach dem Wehrersatzdienst als Bausoldat studierte er in Leipzig evangelische Theologie. 1988 promovierte er im Fachgebiet Christliche Archäologie und Kirchliche Kunst. Von 1990 bis 2017 war er als Kulturredakteur beim Hamburger Abendblatt tätig. Er schrieb zahlreiche kulturgeschichtliche Sachbücher über Bauwerke, Städte und Landschaften, darunter *Die Dresdner Frauenkirche*, *Als Dresden im Feuersturm versank*, *St. Michaelis. Der Hamburger Michel* und *Kleine Hamburger Stadtgeschichte*. Mehrfach widmete er sich auch maritimen Themen, bei Koehler im Maximilian Verlag erschienen *Am Anfang war das Schiff* (2012), *Hamburg.Licht.Kunst* (2015), *Cap San Diego* (2016), *Geister der Südsee* (2017), *Peking. Schicksal und Wiedergeburt eines legendären Hamburger Segelschiffes* (2020), *Hamburg Süd – 150 Jahre auf den Weltmeeren. Die Geschichte einer großen Reederei* (2021) und *150 Jahre Schiffe für die Meere der Welt – Die Flensburger Schiffbau-Gesellschaft und ihr Weg in die Zukunft* (2021).

▲ Ein Fernglas liegt bereit auf der Brücke der Fregatte LÜBECK, als sie am 16. Juni 2018 nach einwöchigem Transit in den Hafen von Harstad in Norwegen einläuft.